厨说新语

好吃不累

作者：钟建

華齡出版社

责任编辑：潘笑竹
封面设计：刘　玥　马　克
版式设计：马　克
责任印编：李未圻

图书在版编目（CIP）数据

厨说新语．好吃不累／钟建著；刘玥，马克绘．－北京：华龄出版社，2012.1

ISBN 978－7－80178－897－9

Ⅰ．①厨…　Ⅱ．①钟…　②李…　Ⅲ．①菜谱　Ⅳ．①TS972.12

中国版本图书馆 CIP 数据核字（2011）第 251207 号

书　　名：厨说新语．好吃不累
作　　者：钟建著；刘　玥　马　克绘
出版发行：华龄出版社
印　　刷：北京画中画印刷有限公司
版　　次：2012 年 5 月第 1 版　　2012 年 5 月第 1 次印刷
开　　本：880×1230　1/32　　印　张：4
字　　数：20 千字
定　　价：28.00 元

地　　址：北京西城区鼓楼西大街 41 号　　邮编：100009
电　　话：84044445（发行部）　　传真：84039173

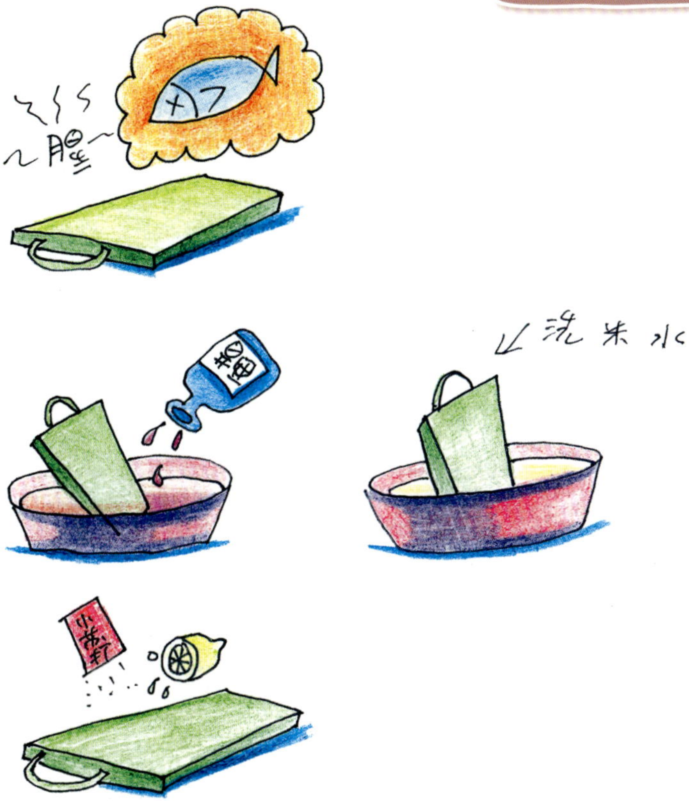

怎样去除菜板上的鱼腥味

处理完鱼后，菜板上会留下鱼的腥味，怎样去除菜板上的鱼腥味呢？
把菜板放进加了醋的清水里浸泡，
OR
把菜板放进洗米水里浸泡，
OR
用小苏打和柠檬汁擦洗。

爱使你的厨艺传承

《烹饪艺术家》杂志社社长 刘广伟

由于工作的关系，我遍尝了八大菜系、中西美食。常常有人会问，哪种菜系最好吃？您最喜欢吃什么菜？以往要回答这种问题时，我都要认真地思考比较，是粤菜还是鲁菜？是鲍鱼海参还是豆腐萝卜？走的地方多了，品的菜式多了，答案也一直在变。后来慢慢发现，其实，最可口最让我怀念的还是家常的味道。一碗淡粥、一盘简单的炒鸡蛋、一锅热腾腾的炖白菜，食材虽然都是寻常之物，做法也都是最基础的家常味，却常常让我感觉胜过天下的任何佳肴。人的味觉是有记忆的，味觉的特点不是喜新厌旧而是喜新恋旧，真正美味的菜品会永远留存于记忆中。

不论是在家做饭还是外出就餐，很多人都认为只有昂贵的食材才能做出好菜。其实不然，中国的烹饪观讲究多样性，讲究五谷为养、五果为助、五禽为益，五菜为充。豆腐得味，远胜燕窝，只要烹饪得当，普通的食材，也能做出道道充满温情，受家人喜爱的好菜。好吃不贵没问题。

很多人认为好吃的菜是会令人发胖的。事实上，肥胖与吃有关，但与好吃无关。饮食是一门科学，同时也是一种文化、一门艺术。中国乃至世界的饮食文化都历经了吃饱、吃好、吃健康的三个阶段。如何吃得健康已经成为社会普遍关注的问题，其实如何才能吃出健康、健美，这里面有个“食育”问题。吃是需要学习的，“食育”也应从娃娃抓起。“食欲”与“食育”不是对立的。好吃不胖没问题。

现在有许多年轻人，宁可去餐厅也不愿自己做饭。其实，做出美味可口的菜是件很简单的事，好吃与累并不成正比。用半小时做四菜一汤也并非难事。烹饪术的核心是“有味者使其出，无味者使其入”，体现出食材本味，蒸蒸煮煮即可。好的厨艺，不在复杂，而在简单，在于读懂食材性格，扬其所长，避其所短。大道至简，厨艺也是如此。好吃不累没问题。

食无定味，适口为珍。只要你热爱生活，将你的热情与爱心融进你的食物里，做饭便是人生的乐趣。只要你有自信，你对生活和家人的爱便是最好的作料，你的家人和孩子也将是你最忠实的厨艺粉丝，你的厨艺风格会深深地留在他们心中，并世代相传。家常菜是八大菜系的基石，你是传承中华厨艺的一份子，《烹饪艺术家》为你骄傲。

目录

好吃不累——凉拌小炒

好吃不累——蒸蒸日上

好吃不累——炖煮天下

好吃不累——凉拌小炒

普通的食材，巧妙的搭配，
简简单单的菜品也能碰撞出美妙的火花。
或凉拌或小炒，
在简短的时间里，烹饪出丰富的味道！

赛蟹黄

主料： 鸡蛋2个，生咸鸭蛋2个

调料： 料酒，姜末，白糖，香醋

做法： 1.咸鸭蛋打到碗里，用叉子将蛋黄碾切成碎丁。2.再打入鸡蛋，混合打散成蛋液，加料酒和少许凉开水。3.热锅上油，油热后下姜末爆香，倒入蛋液，待稍稍凝固后用筷子搅散。4.转小火，加少许白糖，沿锅边喷上香醋，炒匀即可。

PS： 这里用到的鸭蛋是生的咸鸭蛋，而不是纯粹生的鸭蛋。生鸭蛋的蛋黄和鸡蛋一样是软的，而生咸鸭蛋因为腌过，蛋黄凝固且略有硬度。

步骤2时加料酒是为了给蛋去腥，而凉白开能让炒好的蛋液更膨松。

炒蛋液时，用筷子会比锅铲更方便划散，而且炒得更均匀。

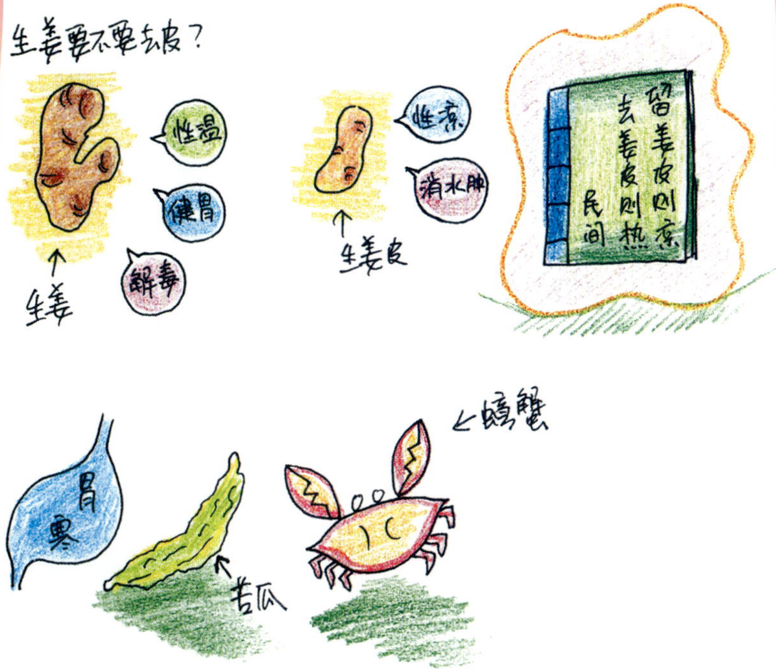

生姜要不要去皮？

生姜性温，有健胃、解毒的功效；而生姜皮则是性凉，有消水肿的作用。

民间有“留姜皮则凉，去姜皮则热”的说法。

一般情况下，如果加入菜肴里爆锅的话，姜皮不去可以维持生姜药性的平衡，让生姜的整体功效能得到更好的发挥。

但是如果是脾胃虚寒的人，或者是在和苦瓜、螃蟹等凉性较大的食物一起吃的时候，最好还是去掉生姜皮。

泡椒黑木耳

主料：干黑木耳30g，泡椒6个，小米椒4个，香菜1小把，蒜瓣3粒

调料：生抽，香醋，泡椒水，白糖，香油

步骤：1.黑木耳提前用冷水泡发，去蒂洗净撕成小块。2.烧一锅清水，水开后放入黑木耳煮透（约5分钟左右）捞出过凉沥水。3.香菜、小米椒、泡椒、蒜瓣分别切碎备用。4.把控过水的黑木耳装进大碗里，加上香菜、米椒、泡椒和蒜末。5.浇上生抽、香醋、泡椒水，再加少许白糖，淋上香油拌匀即可。

PS：黑木耳清洗的时候，在水里加一小把面粉搅匀再抓洗，附着在木耳上的细小脏物就会很容易洗掉。

有同样作用的，还有淘米水，你也可以试试。但是，记得这样洗过后要再次用清水漂洗干净。

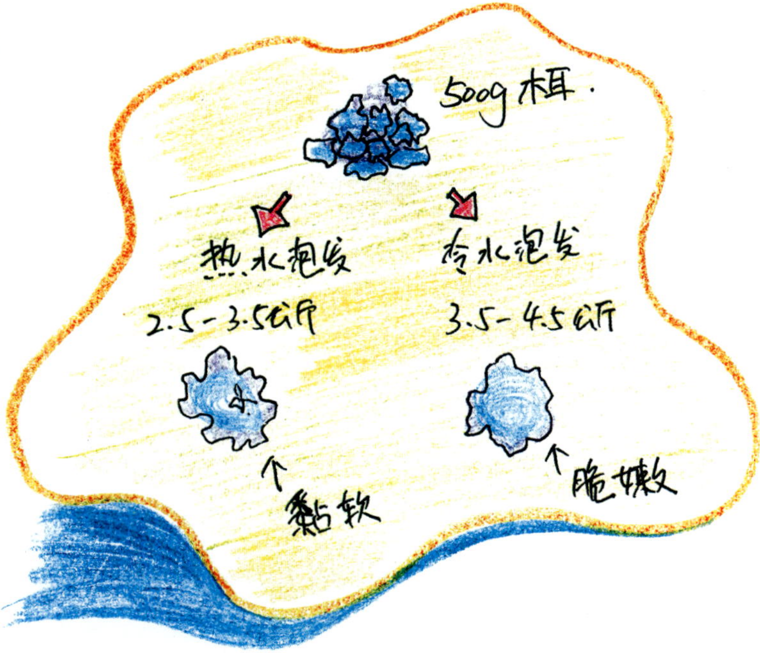

干木耳宜用冷水泡发

木耳生长时含有大量的水分，干燥后就变成了革质。

热水泡干木耳，虽然看着能很快泡涨，但是，有专家表示，同样是500g干木耳，用热水泡发后能得到2.5～3.5千克水发木耳，用冷水泡涨后却能得到3.5～4.5千克水发木耳。

另外，热水泡发的黑木耳口感绵软发黏，冷水泡发的相对而言更脆嫩，吃起来更爽口。

肉末烩皮蛋

主料：松花皮蛋4只，肉末50g，红椒2个，青椒1个

调料：姜，料酒，胡椒粉，酱油，盐，醋，白糖，鸡精，香油

步骤：1.肉末加料酒、酱油、胡椒粉、少许清水拌匀后稍腌。2.青红椒、皮蛋分别切丁，姜切末。3.热锅上油，油热后，倒入肉末炒至变色后捞出备用。4.锅内余油再次加热，下姜末煸香，倒入青红椒丁翻炒，加入切好的皮蛋。5.翻炒约2分钟后，倒入肉末，加老干妈酱翻炒，加入盐、醋、白糖，鸡精调味后淋上少许香油炒匀起锅。

PS：炒这道菜，皮蛋最好不用溏心蛋，因为溏心蛋炒出来的菜成品会不好看。如果你不确定皮蛋是否为溏心，可以提前放进冷水锅里像煮鸡蛋一样煮熟再用。

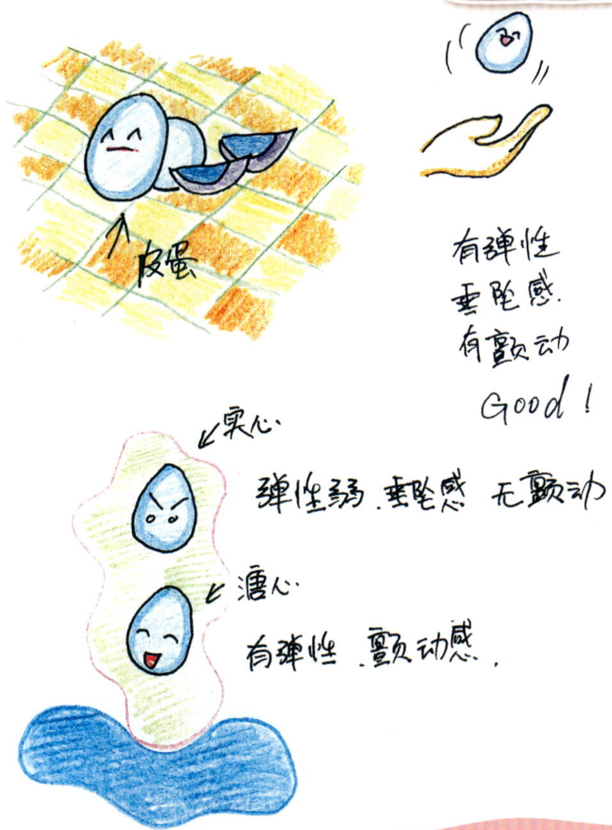

挑选皮蛋的小方法

把皮蛋用手轻轻地向上抛掂，连续几次，试试手感。
手感有弹性，有垂坠感，有颤动的一般都不错。
手感弹性不强，但是有垂坠感，没有明显颤动的是实心蛋。
手感弹性和颤动感都很强的，大多是溏心蛋。

麻辣藕片

主料：莲藕1节，干红辣椒1小把，花椒20粒

调料：八角，醋，酱油，白糖，盐，熟白芝麻

步骤：1.莲藕去皮洗净后切厚片，放入滴了少许醋的清水里浸泡。2.热锅上油，油热后下姜末炝锅,放入干辣椒段、花椒、八角小火煸香。3.倒入沥过水的藕片翻炒，调入醋、酱油、白糖、盐翻炒至藕熟。4.把藕大火收到略干，加入熟白芝麻翻匀后淋少许香油起锅。

PS：做这道麻辣藕片的时候，藕要切得稍厚些，约3－4mm厚比较合适。

花椒和辣椒的量根据个人的喜好控制，但是还是不要放太少，要的就是那股子麻辣味。

藕放到加了醋的清水里浸泡，洗去表面的淀粉，口感更脆。

步骤3时，如果太干粘锅的话就沿锅边点一丁点清水，一直炒至藕熟。

这道菜可以冷热两吃，口感都很好。

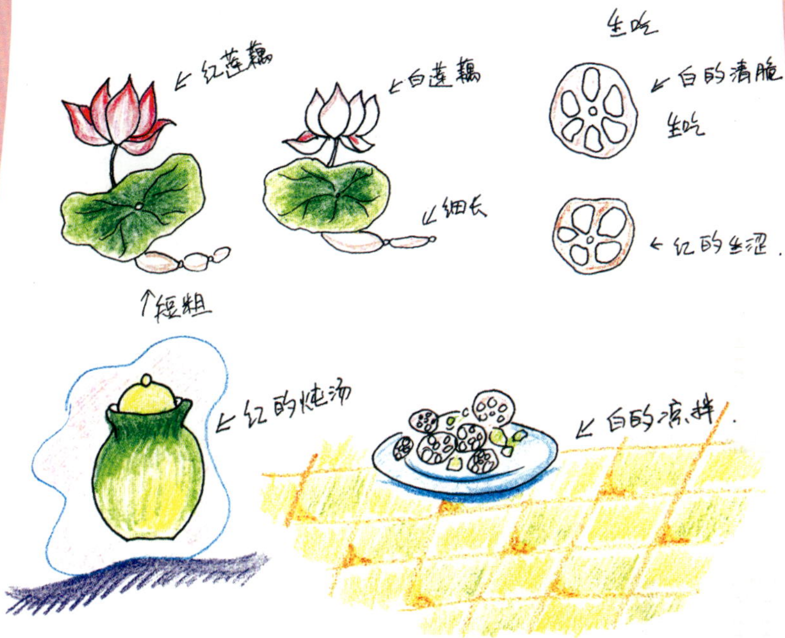

莲藕的区分

莲藕一般来说分为红莲藕和白莲藕两种。

红莲藕在生长过程中会开出红花，成熟的红莲藕外皮为褐粉色，体形较为短粗。

白莲藕开出的是白花，成熟的白莲藕外皮光滑，呈银白色，体形较为细长。

红莲藕生吃会有生涩感，口感较粗糙。多用于炖汤，烧煮，烹熟后口感较粉较面。

白莲藕生吃嫩甜多汁。常用于凉拌，清炒，口感清脆。

剁椒炒鸡丁

主料：鸡全腿1只，剁椒

调料：姜，蒜，小葱，料酒，白糖，生抽

步骤：1.鸡全腿去骨改刀切成小丁。2.锅里放上适量清水，加姜片、料酒烧开后，倒入鸡丁，待水再次煮开后捞出鸡丁过凉沥干水备用。3.热锅上油，油热后下姜蒜末爆锅，倒入剁椒炒至出香味。4.下入鸡丁翻炒均匀，调入白糖、生抽，大火收干汁，撒上葱花，起锅即可。

PS：步骤3时，一定要把剁椒的香味炒出来后再倒鸡丁。

做这道菜，因为鸡腿改切成了很小的丁，焯水后已经熟了。后面的过程主要是调味，不用炒太久，否则鸡肉很容易变老。

酱油OR生抽OR老抽

总体来说，生抽和老抽都是酿造酱油，所以，也就被统称为酱油。

生抽是经各种原料发酵后提取而成的。

而老抽则是原料发酵提取后，又加入焦糖等，经过特别工艺制作的。

简单来说，老抽用来上色，而生抽用来调味。

一般在凉菜，蘸食，或是需要保持菜肴原色时选用生抽。而老抽则更多适用于口味重或需要上色的菜。

另外，在做需要上色的菜肴，比如各种红烧大肉菜时，把生抽和老抽按1:1.5～1:2的比例调配使用，味道会更好。

蚝油生菜

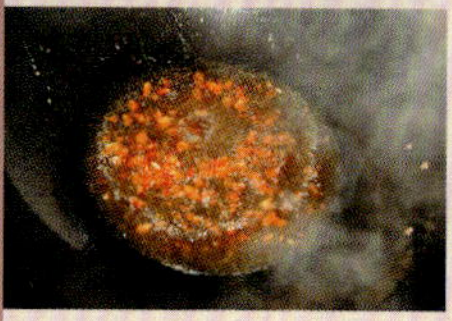

主料：生菜2棵，蒜3瓣，盐，蚝油，白糖，酱油，水淀粉

步骤：1.生菜择去老叶，洗净备用。烧一锅开水，水中加几滴食用油和少许盐，下生菜焯烫。2.几秒后，待生菜变色，迅速捞出控水装盘。3.取适量蚝油、酱油、水淀粉，加少许白糖调匀成料汁。4.净锅放少许底油，油热后下蒜末爆香。5.倒入料汁烧开后大火煮至浓稠，淋在生菜上，上桌拌匀即可。

PS：在焯水的开水锅里加油和盐可以让生菜色泽更青翠，口感更清脆。生菜焯水的时间一定要短，几秒钟，看着菜叶被烫软就要马上捞出。

注意锅里的水一定要彻底翻滚再下生菜。

另外，水要宽，要能完全泡住生菜，如果菜比较多的话，可以分次入锅焯烫。

焯水那点事

焯水是烹饪中常用到的一个步骤。就是把食材放到水里加热到半熟或全熟的一道工序。焯水常分为沸水锅焯水和冷水锅焯水两种。

冷水锅焯水，是把食材直接放到冷水里，让食材与水同时加热。较适用于腥味较大、血污较多的食材，比如猪蹄、牛腩、羊肉、肥肠等，随着水温一起加热，里面的腥味能去除得更彻底。

沸水锅焯水，是先把锅里水烧到沸腾，再将食材入锅。常用于菠菜、生菜、西兰花等蔬菜，或是像蛤蜊、蛏子等海产和诸如鸡肉、排骨等血污较小的肉类。

给肉类焯水，加些料酒、姜片、葱段帮助去除腥味。

给蔬菜焯水，加点油和盐，能让其保持更翠绿的色泽和清脆的口感。

豉椒辣炒花甲

主料：花甲500g，洋葱1个，干红辣椒6根，花椒10粒

调料：姜末，蒜末，生抽，老抽，白糖，盐，胡椒粉，淀粉

步骤：1.生抽、老抽、白糖、盐、胡椒粉、淀粉加少许清水调成料汁。2.热锅上油，油热后下姜蒜末、花椒、干红辣椒段煸香。3.倒入洋葱炒至出香味。4.把花甲、青椒倒入锅内，炒至花甲开口。5.调入老干妈豆豉酱，淋上步骤1时调好的料汁，炒匀起锅即可。

PS：这类型的贝壳类食材开口后就要尽快起锅，否则会老，影响口感。提前把料汁调好能尽可能地缩短后续调味烹炒的时间。

花甲买回来，一定要提前泡水吐沙，具体方法参见厨事心记。

帮助蛤蜊快速吐沙的小方法

花甲，也就是蛤蜊，价平味鲜，好吃又实惠。但是如果处理得不好的话，会从肉里吃到沙子和泥。分享两个简单的让蛤蜊快速吐沙的小方法。

方法一：把蛤蜊装在容器里，倒入没过蛤蜊的淡盐水，再滴入几滴香油，用筷子搅开，让油花均匀得铺在水面上，这样蛤蜊很快就会把泥沙吐出来。

方法二：把铁器放进盛蛤蜊的容器中，贝类有闻到铁味便吐泥沙的习惯。这样也能帮助蛤蜊快速吐沙。

蚂蚁上树

主料：粉丝1把，胡萝卜1个，青椒1个，葱，姜
调料：料酒，生抽，盐，鸡精，香油
步骤：1.粉丝提前用温水泡软捞出沥干水分备用。2.胡萝卜、青椒、葱姜切末。3.热锅上油，油热后下剁碎的豆瓣酱小火炒至出红油，加入葱姜末炒香。4.倒入肉末炒散，加少许料酒、生抽，倒入胡萝卜翻炒。5.放入泡好的粉丝，加盐和一小碗水稍煮。6.水快干时，放青椒、鸡精收干汁，淋少许香油，撒葱花起锅即可。
PS：1.炒肉末的时候，一定要尽量炒散，炒碎，这样才有蚂蚁的形态。2.加水煮粉丝的时候要多翻锅，粉丝很容易粘锅的。

烹调怎么用葱?

中式厨房里，葱是极常见的小辅料。凉拌、小炒、炖菜、煎卤等等，处处都用得上。

小葱怎么用?

一般而言，葱白适合用来炝锅，热锅热油，下葱白末爆香后再继续烹炒，能给菜品增香。

葱绿也就是葱叶的部份，通常在菜熟后加入，给菜品增香增色。整棵的小葱打上结，在炖菜、卤煮时和香料一起加入，调味增香。

葱爆羊肉

主料：肥羊卷1盒，大葱半根，红辣椒2根，香菜1小把

调料：料酒，姜丝，辣椒粉，孜然粒，孜然粉，酱油，盐，醋

步骤：1.红椒、大葱洗净斜刀切片。香菜叶和梗分别切段备用。2.热锅上油，油热后下姜丝爆锅，倒入红椒炒香。3.倒入肥羊卷，烹入料酒翻炒。4.加入大葱和香菜梗，加酱油、孜然粒翻匀。5.撒上盐、孜然粉、辣椒粉、胡椒粉炒匀。6.淋少许醋，加香菜叶炒匀起锅即可。

PS：肥羊片很容易熟，全程快炒出锅就行。

孜然粒和孜然粉混合着用味道更好。

这道菜改用羊后腿肉做也好吃。只是处理的时候要去尽筋膜。

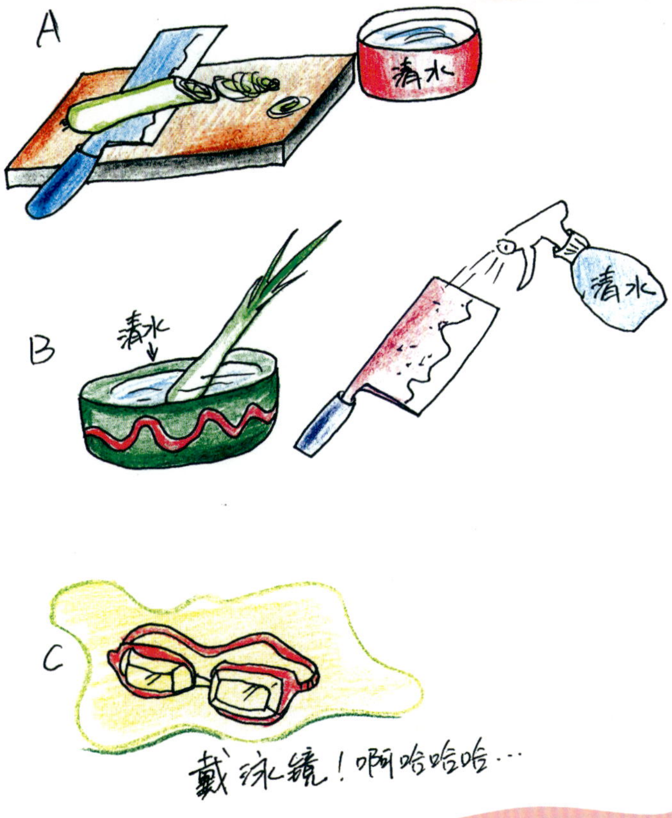

怎样切大葱不辣眼睛

方法一：

切葱时，在旁边放一个装了清水的小盆。

方法二：

提前把葱放在水里泡一会儿；切的时候，菜刀上再沾点水。

方法三：

戴上泳镜。

木耳爆肝尖

主料： 猪肝1块，胡萝卜1根，木耳5朵

调料： 姜，蒜，醋，盐，淀粉，酱油，料酒，糖，胡椒粉，麻油

做法： 1.把猪肝冲净血水，切片放进加了醋的清水里浸泡10分钟左右捞出冲洗干净。加盐、料酒、醋、酱油、淀粉拌匀稍腌。2.木耳泡发后洗净撕成小朵。姜蒜切末，胡萝卜切片备用。3.热锅放油，油烧热后，下腌好的猪肝炒至变色后起锅备用。4.余油再次烧热，下姜蒜末爆香，下胡萝卜和木耳加盐炒熟，倒入猪肝，加白糖、胡椒粉提味，淋麻油起锅即可。

PS： 猪肝很容易炒老，尽量大火快炒，炒好后马上起锅。

步骤1泡肝片的过程，能去异味，也能把猪肝里面的血水和毒素更大程度地清理掉。别嫌麻烦，泡了后也多冲洗几次。

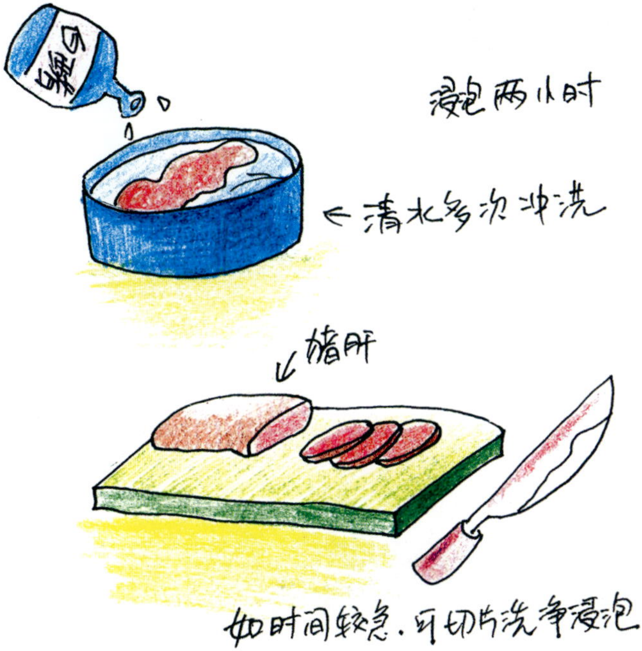

给猪肝去除毒素

猪肝是猪体内最重要的毒物中转站和解毒器官，食料中的某些有毒物质和猪身体里代谢的各种有毒产物，都会聚集在肝脏里。
猪肝里的有毒的血液全部分散存留在数以万计的肝血窦里。
因此，烹调猪肝前一定要反复冲洗，消除残血。
时间充足的话，可以把买回的猪肝整块冲洗至无明显血水后，泡在加了白醋的清水里，浸泡2小时左右，取出用清水反复冲洗。
时间比较急的话，可以把猪肝切成片洗净，再放入醋水里浸泡，然后用清水冲洗到没有血沫。

海米萝卜丝

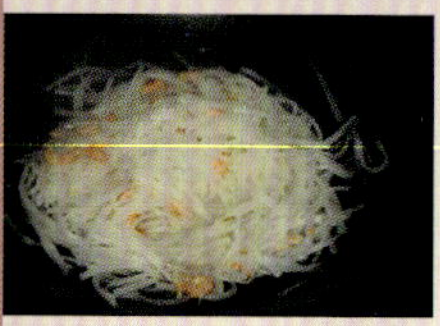

主料：白萝卜1根，海米1小把
调料：姜末，猪油，盐，高汤，葱花
步骤：1.白萝卜去皮洗净切细丝，海米浸泡后洗净捞出沥干水分。2.热锅上油，油热后下姜末炝锅，倒入海米炒香。3.倒入萝卜丝，加入一小勺猪油炒匀，放入盐调味。4.加入高汤，焖煮至萝卜丝变软，撒上葱花起锅即可。
PS：如果有自制的高汤是最好不过了。没有的话就用浓汤宝，如果浓汤宝也没有，那就拿鸡粉加水调匀凑合用好了。

海米吃前要浸泡

海米的制作工艺导致其含盐量高，而且还可能会有一些亚硝胺物质的残留。盐分过高，会降低钙的吸收，而亚硝胺是一种可能致癌的物质。

一般而言，用水泡是最快速有效的好办法。

用冷水浸泡，浸泡20分钟左右，冲洗3～5遍。

温水的话，浸泡10分钟，再洗2～3遍就行。

浸泡海米，不仅能保证食用的安全，去掉里面含着的过多盐分，还能清除可能存在的细沙。另外，海米通常会有点不好的小气味，浸泡后也能去除，这样才可以保证用它做出鲜而不腥的好菜。

老醋花生米

主料：花生米400g

调料：醋，白糖，盐，白酒，香菜

步骤：1.花生米用水冲洗干净，用厨纸把表面水分擦干。2.锅里放油，冷油时就倒入花生米快速翻炒，以保证花生米能够均匀受热。3.待花生米有炸开的响声后再炒一会儿，待有香味且花生米微微有些裂开时起锅沥油，趁热喷上少许白酒。4.醋、白糖和少许盐调成味汁，香菜切碎。5.把花生米装盘，倒入料汁，撒上香菜碎拌匀即可。

PS：这道菜当零嘴和下酒菜都不错。花生米可以一次多炸些，放凉后密封保存，随用随取。老醋汁则需要现吃现拌才能更好的保证口感。

炸花生米的小窍门

1.冷油下锅。让花生米随着油温逐渐加热，这样炒好的花生米里外的酥脆程度才会一致，不会外面炸焦了里面还是生的。

2.全程小火。越小越好，越小越安全，越小成功率越高。

3.花生米出锅的时机。等锅里花生米的劈啪声较密集时出锅晾凉就成了。注意，花生米要等冷了才会酥脆，而且出锅后表皮颜色也会加深。等炸到你希望的颜色再出锅就晚了。

4.炸好的花生米趁热撒少许白酒，晾凉后撒上盐，可以保持更久的酥脆时间。

泡菜苕粉肉丝

主料：猪瘦肉200g，泡包菜1/4个，泡胡萝卜

调料：盐，胡椒粉，酱油，料酒，水淀粉，姜，蒜，小葱，干红辣椒

步骤：1.猪瘦肉切丝，加料酒、盐、酱油、水淀粉拌匀稍腌。2.泡菜切丝，姜蒜、小葱切末，干红辣椒切段。3.苕粉提前用温水泡软。4.热锅上油，油烧热后下肉丝炒散至变色后起锅。5.锅中余油再次烧热，下姜蒜、红椒段煸香，倒入泡菜丝翻炒至能闻到浓浓的泡菜香味。6.加入泡好的苕粉调入盐、酱油和少许泡菜水翻炒至苕粉变软。7.苕粉炒好后，把肉丝回锅炒匀，撒上胡椒粉、葱花拌匀即可。

PS：泡菜这里用到了泡包菜和泡胡萝卜，你也可以选用其他的，但一定要酸辣脆口的才好。

苕粉浸泡的程度是决定烹调时间的重要因素。如果泡得不够好的话，步骤6时可以加少许水焖一会。

或者，你也可以在苕粉泡发后放入开水锅焯熟，再来炒。

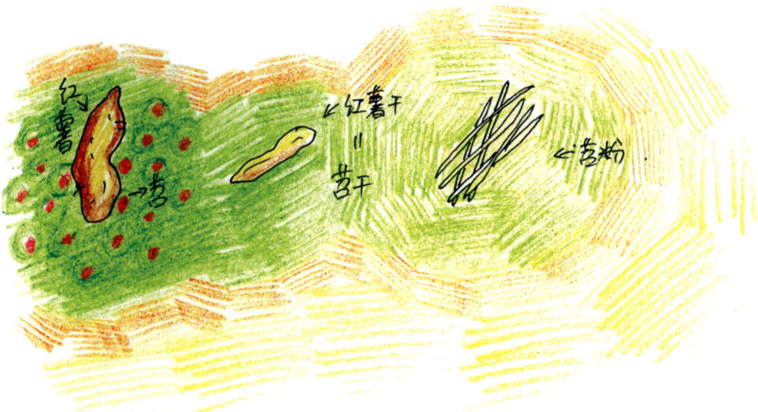

苕粉是个什么粉？

泡菜苕粉肉丝是盘地道的湖北菜。

在湖北，红薯被俗称为苕。

所以，在湖北，几乎所有和红薯有关的东西，全部被“苕”替代了。

比如说，苕干，

比如说，苕面窝，

再比如，红薯粉，理所当然就是苕粉了。

另外，在湖北，“苕”有时候也被用来形容某人有点小笨小傻，但是这样的形容大多时候都是没有恶意的。

酱爆杏鲍菇

主料：杏鲍菇，青椒，红椒各1根

调料：生抽，蚝油，蒜蓉辣椒酱，胡椒粉，水淀粉

步骤：1.杏鲍菇洗净切丁。青、红椒切蒂洗净切成差不多大小的丁。2.热锅上油，油热后下杏鲍菇炒软，炒至表面略微发黄后盛出备用。3.锅内余油再次烧热，倒入青红椒爆香。4.把事先炒好的杏鲍菇回锅，加生抽、蚝油、蒜蓉辣椒酱、少许胡椒粉调味。5.勾薄薄一层水淀粉后起锅即可。

PS：杏鲍菇炒软后，它本身的香味能更好地释放出来，而且也会更快入味。

步骤4里的蒜蓉辣椒酱，也可以换成任何你喜欢的酱料。

勾芡不是个技术活

勾芡这个词听起来，好像很正式，很大厨范。

其实，勾芡真不是个技术活。

菜品快起锅时，用家里的淀粉和清水以约1:2的比例调成汁，倒进去，稍稍大火，让淀粉迅速变成胶体溶液，让它能包裹住菜，使菜肴看起来更加润滑，激发人食欲。

另外，芡汁的用量，根据菜品不同而不大相同。如果没有经验的话，可以一次多调些水淀粉，分几次倒进锅里，直到达到你需要的浓稠度为止。

孜然面筋

主料：面筋1个，青杭椒3个，红椒1个

调料：盐，辣椒粉，孜然粉，胡椒粉，姜末

步骤：1.面筋洗净，用手撕成薄薄的小块。2.全部撕好后放入加了盐的开水锅里焯水后捞出控干水分。3.热锅下油，油热后，下姜末炒香，放入切好的青红椒炒至断生。4.倒入焯过水的面筋翻匀。5.加盐、辣椒粉、孜然粉炒到面筋略有些发干，再撒少许胡椒粉翻匀起锅。

PS：面筋用手撕比刀切的要好吃很多倍哦。

面筋先焯水，后面炒起来会比较快且方便，而且也不会粘锅。

这道菜，一定要炒得略有些干干的，吃起来才有嚼劲。

面筋是怎么来的?

把面粉里加入适量清水，撒少许食盐，拌匀，和成面团。

然后用清水反复地搓洗，把表面的活粉和其他杂质全部洗掉，沉淀后倒掉上面的清水，剩下的用手团成团，入开水锅里煮熟，就是我们常用的水面筋。

辣炒荷包蛋

主料：鸡蛋4个，青椒2个，红椒1个

调料：姜末，老干妈豆豉酱，盐，胡椒粉

步骤：1.热锅上油，把鸡蛋打进去，中火煎至一面凝固后，用铲子把蛋黄划破，让蛋黄液尽可能大面积地平铺在蛋清上，煎至底部金黄。2.翻面，另一面也煎至金黄后起锅，切块备用。3.锅中再倒入少许底油，加姜末爆锅后，下青红椒片炒香，加入老干妈豆豉酱。4.倒入鸡蛋块，调少许盐和胡椒粉调味后翻匀起锅即可。

PS：煎鸡蛋的时候，用不粘的平底锅更好操作，一次可以把4个鸡蛋全煎下。圆底的普通锅的话就一个个煎好了，只是慢点，没区别。用来炒的荷包蛋煎的时候煎到略老些会更香。

让荷包蛋蛋黄居中

煎荷包蛋也是很多人早餐的首选。有时候，蛋入锅后，发现蛋黄不在整个鸡蛋的中央。这个时候，你可以把打偏了的蛋黄移到中央，用木质锅铲轻轻拦住，或者在蛋黄上用半个蛋壳罩住，稍微等一会儿，等蛋黄稍凝固后再把蛋壳拿掉就好了。

这样做，就能很方便煎出一个蛋黄在中间的漂亮荷包蛋。

另外，如果想煎一个圆形的荷包蛋，可是家里又没有煎蛋器，可以横着切一片洋葱，拿一个大的洋葱圈放进平底锅里，再把鸡蛋打到洋葱圈里面就好了。

京酱肉丝

主料：大葱1根，猪里脊肉260g，

调料：料酒，蛋清，淀粉，蚝油，甜面酱，生抽，白糖

步骤：1.猪里脊肉切丝，加料酒、蛋清、淀粉拌匀稍腌。2.大葱取葱白部分洗净切细丝放凉白开里稍稍浸泡后摆盘备用。3.热锅下油，油热后下腌好的肉丝炒散至变色后捞出。4.锅内底油继续加热，下入蚝油、甜面酱小火炒香，再调入生抽、白糖和少许清水调匀。5.倒入步骤3里炒好的肉丝，翻炒至每根都均匀包裹上酱汁后，淋少许香油起锅摆在葱丝上即可。

PS：大葱切好后泡水，葱的那股辛辣感会减少。如果你喜欢大葱的辣香味道，这一步就省掉。

因为甜面酱、蚝油、生抽都有盐分，这道菜不用另外加盐。

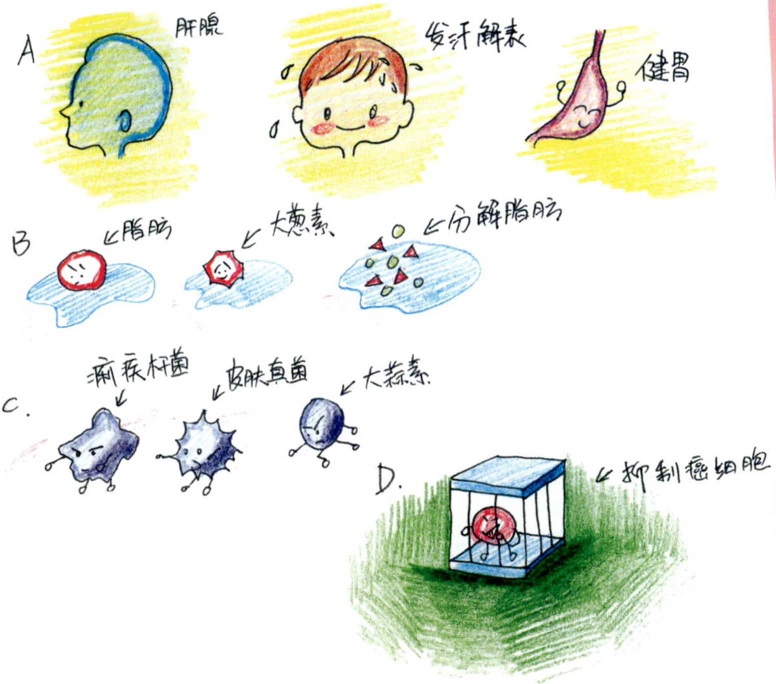

常吃大葱好处多

1.大葱能刺激人体肝腺，有发汗解表的作用。也能促进消化液的分泌，有一定的健胃功能。

2.它含有大量的大葱素，能刺激甲肾上腺素的分泌，可促进人体脂肪的分解，消减脂肪的积累。

3.葱中所含的大蒜素，能抵御细菌、病毒，尤其对痢疾杆菌和皮肤真菌抑制作用更强。

4.大葱所含的果胶，有抗癌的作用。葱的蒜辣素也可以抑制癌细胞的生长。

蒜蓉西兰花

主料：西兰花1棵，蒜5瓣

调料：橄榄油，盐，水淀粉，鸡精

做法：1.西兰花洗净掰成小朵，茎的部分去老皮切成小的滚刀块。2.将西兰花梗放进去略煮。3.再加入西兰花焯水至变得翠绿后，捞出过凉后沥干水分备用。4.热锅中倒入橄榄油，下蒜末煸香，倒入焯好的西兰花翻炒。5.放入盐调味后撒少许鸡精，勾少许水淀粉后起锅装盘。

PS：挑选西兰花的时候，外形圆润，同等大小情况下，手感较重的质量比较好。

值得注意的是，西兰花焯水时间要短，入开水锅后一变色马上就可以捞出，否则口感和卖相和营养都会大打折扣。

西兰花是“皇冠蔬菜”

在蔬菜的世界里，西兰花是戴着“皇冠”的那一个。

它含有蛋白质、脂肪、磷、铁、胡萝卜素、维生素B1、维生素B2和维生素C、维生素A等等各种人体所需的营养。研究表明，西兰花里有一种叫萝卜子素的物质，它具有防癌抗癌的功效。另外，因为西兰花维C含量极高，不仅利于人的生长发育，还能增加人体免疫功能，增加抗病能力。

另外，它所含的热量也很低，每100g仅有约为24千卡的热量，减肥的MM也可以放心大胆地吃。

要特别强调的是，西兰花看起来很干净，但是……每朵西兰花都是由无数个绿色的小颗粒组成，这些小点点里面很容易隐藏灰尘、小虫子，还会有农药残留物等等。所以，烹煮之前，焯水这个过程是必不可少的。

主料：四季豆400g，干辣椒，花椒，蒜头

调料：盐，白糖，鸡精

步骤：1.四季豆摘去老筋，用手掰成寸段，洗净沥干水分。干辣椒剪成条，蒜剁碎备用。2.锅中放入多些食用油，烧热后下入四季豆，炸至外皮微皱，用漏勺捞出控油待用。3.锅中留少许底油，加入蒜末、干红椒、花椒炒香。4.倒入四季豆，加盐、白糖、鸡精调味后起锅即可。

PS：四季豆处理的时候要尽可能地把筋摘除，否则影响口感。
另外，炸的时候一定要炸熟炸透，炸到表面起皱才好吃。
步骤4时时间不要过长，以免四季豆炒黑。

生熟两重天

生吃是毒药，熟食是美味，生熟两重天。所以，四季豆应该是个极有个性的蔬菜！

生的四季豆里含有大量的皂苷和血球凝集素，对细胞膜和胃肠道都有刺激性，而且还能破坏红细胞，引起胃肠道局部充血、肿胀及出血性炎症，严重的话还会使人体红细胞发生凝集和溶血。

不过，这些毒素，在四季豆彻底煮熟后会被彻底破坏，所以烹调四季豆时一定要让它熟透。

熟的四季豆能健脾化湿，安养精气，还有利水肿的功效。

宫保鸡丁

主料：鸡胸肉1块，油炸花生米60g，干红辣椒段，花椒，葱段

调料：姜末，酱油，料酒，白糖，醋，胡椒粉，鸡精，水淀粉，香油

步骤：1.鸡胸肉切丁，加酱油、料酒、水淀粉拌匀稍腌。把酱油、白糖、醋、胡椒粉、鸡精、水淀粉调成芡汁。大葱切粒。2.热锅上油，油热后下鸡丁滑散至变色后迅速起锅备用。3.锅里再倒少许底油，下花椒、干红辣椒段、姜末、大葱粒煸香。4.下鸡丁翻匀，再加入花生米。5.倒入事先调成的芡汁，翻匀，淋少许香油后起锅。

PS：鸡胸肉平放在切板上，用刀背拍松，再改刀切成小丁，肉质会更嫩，更容易入味。这道菜改用鸡腿肉做也很好吃。但是，如果用鸡腿肉的话，要事先剔骨，去筋和皮再切丁。

鸡胸肉的挑选

新鲜的鸡胸肉表面有光泽，并且看上去很有弹性。
用手摁下去，会有回弹。
久放后的鸡胸肉，会分泌出汁水，而且肉质也会变软。
如果是分装的小盒鸡胸，把它倾斜看看，有汁液，则表示不够新鲜。

糖醋木耳肉片

主料： 猪里脊肉200g，青椒2个，黑木耳5朵

调料： 姜末，盐，淀粉，料酒，酱油，白糖，胡椒粉，醋

步骤： 1.猪里脊肉切薄片，加盐、酱油、水淀粉拌匀稍腌。2.青椒切块，黑木耳洗净撕成小块。3.料酒、酱油、白糖、醋和少许清水调成料汁。4.热锅上油，油热后下姜末爆锅，下入腌好的肉片炒散至变色后捞出。5.余油再次烧热，下青椒块、黑木耳炒至断生，加少许盐。6.把炒好的肉片回锅，调入步骤3里调好的料汁，翻匀后撒少许胡椒粉起锅即可。

PS： 常用的基准糖醋汁里，料酒、酱油、白糖、醋和清水的比例是1:2:3:4:5，你可以根据家人的口味增减各样调料的用量。

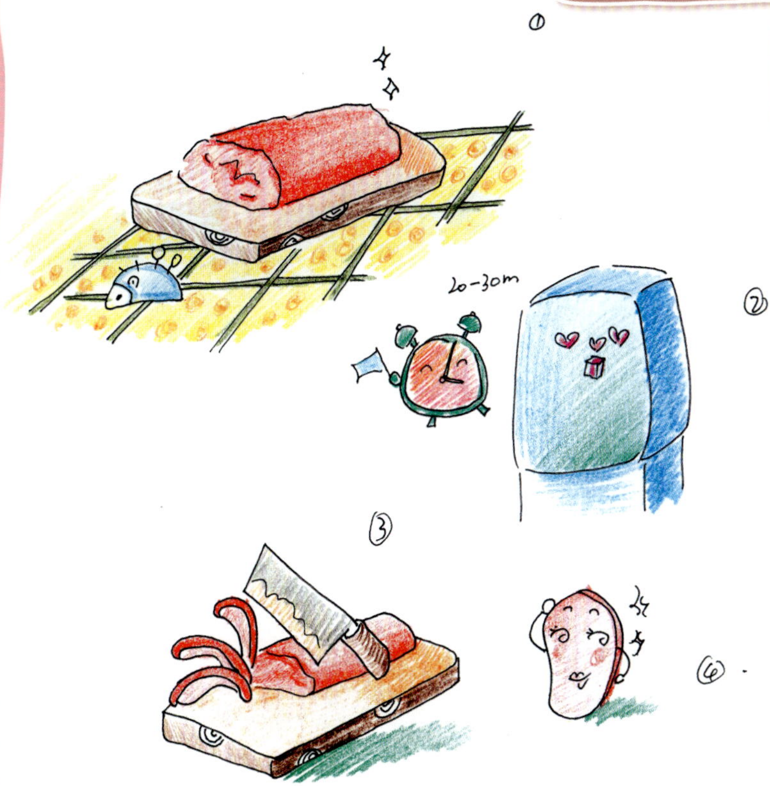

怎样切肉更方便

把肉块摊平整理一下，然后放进冰箱冷冻二三十分钟，稍稍有些冻住但又不会太硬的时候取出来。
这样切起来就会方便很多。
而且，切出来的肉片也平整又好看。

酸辣土豆丝

主料：大土豆1个

调料：葱，姜，蒜，花椒，干红辣椒，盐，白糖，醋

做法：1.土豆去皮洗净，先切薄片，再改刀切成细丝。2.切好的土豆丝放进加了醋的清水里浸泡，待准备下锅前再捞出来反复冲洗后沥水。3.姜、蒜、干红辣椒切丝，小葱切末。4.锅里下油，油热后倒入花椒，小火炸至出香味后捞出花椒。5.余油再次加热，下姜、蒜、红辣椒丝煸香。6.倒入沥过水的土豆丝调入适量醋、盐、白糖，炒至土豆丝断生后，撒上葱花起锅。

PS：用炸过花椒的油来炒土豆丝，会特别的香。

清水冲洗土豆丝是去除土豆淀粉的必须项，否则不容易炒出脆爽的口感。下锅后马上调味，土豆丝炒至断生后就可以起锅。你可以根据个人的爱好，适当延长炒的时间。

炒一盘清脆口感的土豆丝

1.刀功。切的时候，不仅要细，还要细得均匀，否则最细的土豆丝已经炒烂，较粗的则还是生的。

2.洗。土豆边切边放进加了醋的清水里浸泡，以防氧化变色。下锅前，用清水反复冲洗，去净土豆表面的淀粉。

3.快炒。土豆一断生后马上就要出锅，否则就炒过了，口感就不清脆。

好吃不累—蒸蒸日上

一份新鲜的食材放进蒸锅，
不用煎炒烹炸，不会烟熏火燎，
不一会儿，
散发着菜品本来味道的蒸菜就可以上桌了！
少油清淡，鲜嫩松软，健康好味道！

豉汁蒸排骨

主料：猪肋排400g，干豆豉10g，蒜4瓣，姜2片

调料：料酒，盐，生抽，白糖，生粉，胡椒粉

步骤：1.猪肋排斩小块，冲洗至无血水后捞出沥干水分。2.干豆豉剁碎，蒜切末，放进小碗里，加料酒、盐、生抽、白糖、胡椒粉调匀。3.把调好的豆豉汁倒进排骨里，抓匀。4.加入生粉，再加适量食用油。5.拌匀后，入开水锅，蒸16分钟左右至排骨熟烂即可。

PS：步骤1里，猪肋排洗净后，如果时间充裕，用清水把洗好的排骨浸泡20分钟左右再捞出沥水，蒸好的排骨香味会更醇。

放生粉会让排骨更嫩滑，食用油能把排骨里的水分牢牢锁住。

拌排骨的时候，带上一次性手套抓拌，会更均匀。

豉汁蒸排骨
厨事心记

吃肉不加蒜，营养少一半

烹肉的时候加适量大蒜，可以去异味，还能增加肉的滋味。
另外，肉里含有维生素B1，是其他肉食含量的几倍之多。可是这种维生素不稳定，在体内停留的时间也较短。如果短时间没有被身体所吸收就会流失。而大蒜里含有的蒜素能延长维生素B1在体内停留的时间，同时增加胃肠对其的吸收和利用。
所以，民间有“吃肉不加蒜，营养少一半”的说法。

主料：笋瓜1个，蒜4瓣，剁椒
调料：蒸鱼豉油
步骤：1.笋瓜洗净切厚片，整齐地摆在盘子里码好。2.蒜剁成末备用。3.把蒜末撒在笋瓜上，浇少许剁椒，淋一大勺蒸鱼豉油。4.大火入锅蒸5分钟，起锅淋上热油即可。
PS：笋瓜本身就是可以生吃的蔬菜，蒸的时间5分钟足够，蒸太久的话口感会不好。
最后淋的热油也可以直接用香油代替，使用香油时无需加热。这道菜不用特意加盐，口味较重的话，可以再加少许鲜味酱油。

蒜蓉蒸笋瓜
厨事心记

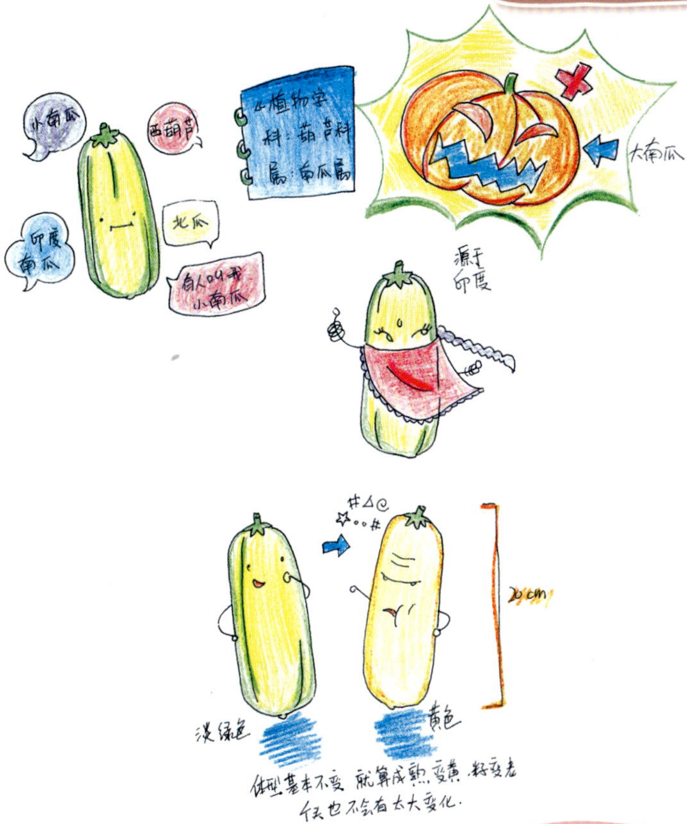

笋瓜是不是小南瓜？

笋瓜的名字特别多，什么西葫芦，什么北瓜，什么小南瓜，什么印度南瓜，说的都是它。

属于葫芦科，南瓜属。

所以，笋瓜是小南瓜这一说法是对的。

不过，它可不是我们常见的那种大个黄皮南瓜的幼年时代。据说，我们现在吃到的笋瓜大多来源于印度，是印度南瓜的一种。它的体型基本上就是我们见到的那么大，就算成熟长老，也只有外皮变黄，籽变老，个头不会有太大的变化。

肉饼蒸蛋

主料：肉末200g，鸡蛋2个

调料：生抽，蚝油，小葱，胡椒粉，白糖，淀粉，蒸鱼豉油

步骤：1.肉末加生抽、蚝油、葱末、胡椒粉、淀粉、少许白糖和清水拌匀，朝一个方向搅打上劲。2.小碗内抹上薄薄一层食用油，再把处理好的肉末分装进去。3.在肉末正中间摁一个蛋黄大小的圆形小坑，打上鸡蛋。4.冷水入锅蒸15分钟左右至熟，出锅放上葱花，淋上蒸鱼豉油即可。

PS：肉末要带点肥肉的蒸出来才松软好吃。肥三瘦七是比较好的搭配。另外，建议手工剁肉末，会比料理机处理的肉末更香。

搅动拌好的肉末时，要始终朝着同一个方向用力，这样打好的肉末才有弹性。

小葱的葱白和葱绿分开来放，葱白和肉末混合，葱绿出锅时再放。

步骤3里，你想让蛋黄落在哪个地方，就在哪里摁上小坑。

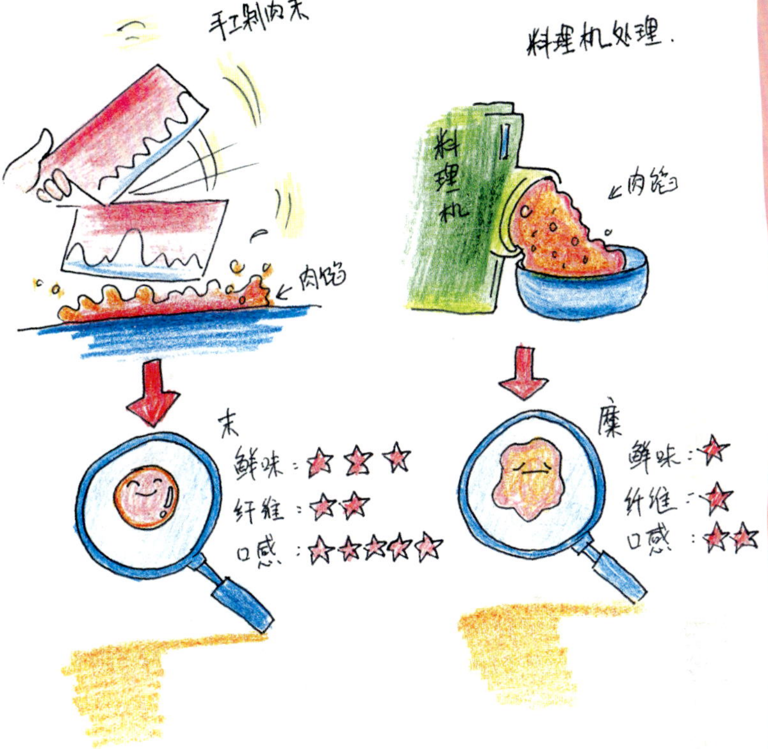

手工剁的肉末为什么更香？

应该很多人都注意到了，哪怕是同样的肉，手工剁出来的肉末都要比料理机处理的香很多。

这是为什么呢？

事实上，手工剁肉末，在最大程度上保留了肉本身的鲜味。而且，无论剁得怎么细碎，都不会把肉变成肉糜，它里面总会有一些没有剁断的纤维，总会有些细小的颗粒，所以吃的时候，总觉得特别地香。

而料理机处理的时候，是直接把肉打成肉糜，在这个过程中，肉里面的纤维在瞬间受到了较强的挤压、撕扯，一些鲜美的物质就在这个过程中被流失了。而且它里面几乎所有的纤维都被破坏掉，于是，嚼起来口感就不及手工剁的，而且也不像手工剁出来的那样香。

剁椒金针菇

主料：金针菇250g，剁椒40g

调料：盐，香醋，生抽，鸡精，胡椒粉

步骤：1.金针菇切去根部，清洗干净控干水分。2.整齐地码在盘子里。3.剁椒加适量盐、香醋、鸡精、胡椒粉调成味汁。4.把调好的料汁浇在金针菇上，入锅，水开后再蒸5分钟。5.取出淋上香油即可。

PS：金针菇里含有秋水仙碱，秋水仙碱充分加热后才会被破坏，所以，金针菇一定要彻底烹熟后再食用。

剁辣椒的家常自制

需要的原料有：红辣椒，蒜，盐，高度白酒

把红辣椒洗净，去蒂剁碎（注意，辣椒、刀、菜板都要无油无水）。蒜剁碎。

红辣椒末＋蒜末＋盐（按自己的口味放，可以稍微咸一点）拌匀。装进同样无油无水的密封罐里（装的时候最多9分满，要留余地让剁椒发酵），表面淋一勺左右的高度白酒封好口，放在阴凉的地方，7天后就可以开罐吃了。

粉丝蒸大虾

材料：粉丝1把，大虾8只

调料：蒜蓉，料酒，盐，胡椒粉，醋，生抽，姜末，葱花

步骤：1.鲜虾开背，挑沙线，剪去虾须虾脚虾枪。2.粉丝提前用温水泡发。3.生抽、胡椒粉、盐、醋、姜末、蒜蓉调成料汁。4.把泡好的粉丝沥干水摆在盘上，放上处理好的大虾，淋上料汁。5.锅内放上蒸架，大火烧开后，入锅蒸5分钟后起锅。6.撒上葱花，另取油锅，把2大勺食用油烧到冒烟后浇在葱花上即可。

PS：如果担心虾会收缩，影响成品看相，可以在腹部弯弯处剪个小口，即可避免。

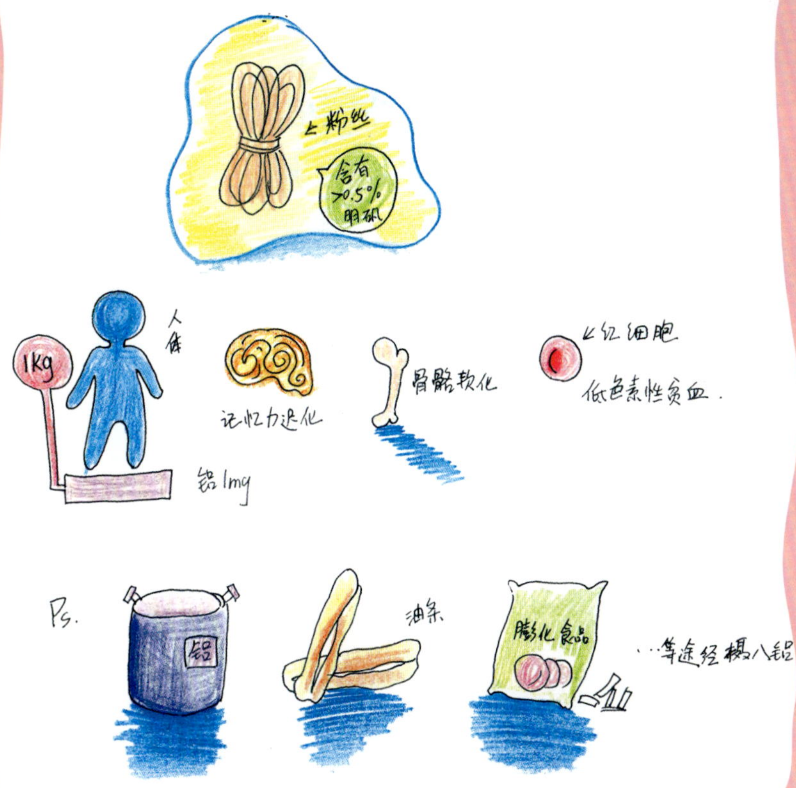

粉丝美味，但不要过量

粉丝的生产过程中，为了让它成形和干燥，通常会加入约为0.5%左右的明矾，而明矾是12水合硫酸铝钾(ALUM)，是含有硫酸铝的复盐。

大家都知道，摄入过量的铝对人体是有伤害的，可能使记忆力退化，可能会导致骨骼软化，还可能会引起低色素性贫血等等。

当然，这也不是说粉丝就不能吃。各种科学检测数据表示，每人每日允许摄入的铝量为每千克体重1毫克。

所以，一般而言，正常的食用量都是没问题的，别因为它美味而大量吃就行。

PS：除此之个，还有使用铝制炊具，食用油条，膨化食品等途径也会增加铝的摄入。

米粉蒸藕

材料：莲藕1节，蒸肉米粉50g

调料：五香粉，盐，生抽，鸡精，葱花

步骤：1.莲藕去皮洗净，改刀切成小丁装进大碗里。2.加少许盐、五香粉、生抽、鸡精，再加入蒸肉米粉拌匀，3.加食用油和少许猪油拌匀。4.入蒸锅，盖上锅盖，大火蒸约15分钟后出锅撒上葱花即可。

PS:市售的蒸肉米粉常见的有调好味的干颗粒型的，也有纯米粉+调料包两种类型。这里用到的是第一种，其实第二种也一样好用。

用这同样的方法，还可做成粉蒸土豆、粉蒸南瓜、粉蒸芋头等等。

蒸的时间由材料的大小所决定，蒸熟就行。

如果电饭锅上有蒸架，可以在煮饭时，把拌好的材料放进去一起蒸，更加省心省力。

自制米粉

如果喜欢这种类型的米粉蒸菜。自己做一些米粉来用也很简单。
先是把糯米洗净沥水，放在通风的地方晾干。
然后把锅放在火上，小火，倒入晾干的糯米，加入八角、桂皮、少许花椒粒翻炒。
一直炒到米粒金黄后盛出来。稍微晾凉后放进搅拌机里打碎就行了。
一次可以多做些放进密封罐里保存，随用随取。
用的时候，依自己的口味在米粉里拌上盐、酱油、南乳汁就行。

咖喱牛肉

主料：牛腿肉250g，土豆1个，胡萝卜1个，洋葱半个，咖喱块4块

调料：白酒，盐，水淀粉

步骤：1.胡萝卜、土豆去皮切较小的滚刀块，洋葱切块。2.咖喱块加少许开水隔水加热到溶化。3.把牛腿肉切小块加盐、高度白酒稍腌，和溶化的咖喱酱混合拌匀。4.再加入胡萝卜、土豆拌匀入锅蒸10分钟。5.倒入洋葱块，再蒸5分钟即可。

PS：一般烹饪咖喱菜大多都会选择煮，这道菜算是懒人菜，改煮为蒸，口味也很不错。

咖喱用的是日式的咖喱块，本身味道已经调好了。只要加水溶化就行，不用再另外调味。

你也可以根据自己的口味加些其他蔬菜进去，或者是放些厨房剩下的边角料，半个玉米，一小把青豆，几朵西兰花等等都可以。

咖喱粉与咖喱块

用咖喱粉，通常在用油爆锅后就放进去，中小火煸炒后加菜或者肉来烹饪，调味。

而咖喱块是调好味的，它里面含有面粉和油脂，容易黏结，煮过后较浓稠。通常是先烹其他材料，加水煮后等水沸腾再放咖喱块同煮。

榄菜蒸豆腐

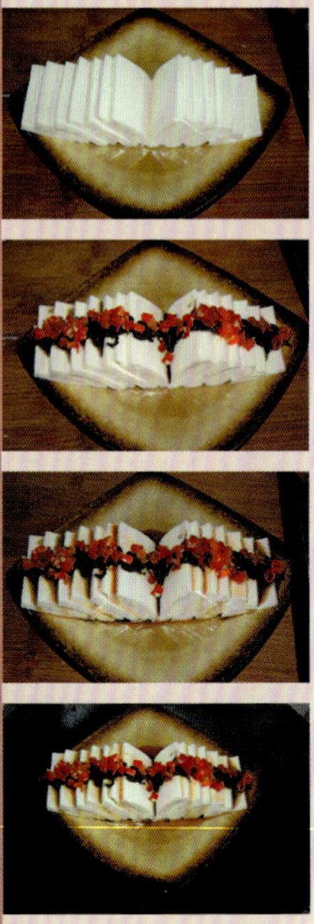

材料：内脂豆腐1盒，橄榄菜，剁椒

调料：蒸鱼豉油，香油，葱花

步骤：1.豆腐冲洗干净切片，码盘摆好。2.在豆腐上撒一勺橄榄菜，一层剁椒末。3.淋上蒸鱼豉油。4.上蒸锅，水开后转中火蒸5分钟取出，撒上香油和葱花即可。

PS：蒸豆腐的时候火不要太大，否则豆腐会出孔，影响美观。
豆腐蒸好后，盘子里会有些水，不用倒掉，吃的时候蘸着水吃才美味。
橄榄菜、剁椒、豉油都是有咸味的，这道菜不用再刻意去加盐。

内脂豆腐VS传统豆腐

外观：传统豆腐呈乳白色或是淡黄色，软硬度适中，稍有光泽。
　　　内脂豆腐洁白，光泽明显，质感细腻滑嫩。

工艺：传统豆腐多采用石膏、卤水做凝固剂。
　　　内脂豆腐是以葡萄糖酸内脂为凝固剂。

用途：传统豆腐多用于烧煮炖菜。
　　　内脂豆腐常于凉拌和清蒸。

剁椒鱼头

主料：胖头鱼头1个，青剁椒，红剁椒
调料：料酒，盐，姜，葱段
步骤：1.胖头鱼头去磷去腮清洗干净，里里外外抹上一层料酒一层盐，放少许姜片、葱段腌15分钟。2.盘子里放上姜片、葱段，再摆上腌好的鱼头，分别盖上青、红剁椒。3.入开水锅，把鱼头放进去蒸15分钟左右。4.出锅，撒上葱花。取净锅把食用油烧到冒烟，浇在蒸好的鱼头上即可。
PS：剁椒本身就偏咸，腌鱼头的时候只需用少许盐薄薄抹一层就行。最后浇油的步骤必不可少。油烧到冒烟，然后再浇在葱花上，把葱的香味、剁椒的香味、鱼头的香味全激出来。

多吃鱼头可补脑

做剁椒鱼头用的胖头鱼也就是鳙鱼，最好吃的部位就是鱼头。

吃鱼头可以补脑。

鱼脑中含有一种人体所需的鱼油，这种鱼油里蕴含着大量的不饱和脂肪酸，它的主要成分就是通俗意义上所说的“脑黄金”，这种营养素可以起到维持、提高和改善大脑机能的作用。因此，民间有多吃鱼头可补脑的说法。

另外，胖头鱼属高蛋白、低脂肪、低胆固醇的鱼类，对心血管系统也有很强的保护作用。

主料：嫩豆腐1块，鸡蛋2个，火腿肠1根，青椒1个，小葱2根

调料：盐，白胡椒粉，猪油

步骤：1.火腿肠、青椒切小丁，小葱切末备用。2.嫩豆腐装进大碗里。准备2个鸡蛋。3.把鸡蛋打散成蛋液，倒入豆腐碗里。4.加入火腿肠丁、青椒丁、葱白末、盐、白胡椒粉、猪油拌匀。5.装进蒸碗里，入锅盖盖蒸10分钟左右至蛋液凝固，关火虚蒸四五分钟后出锅拌匀撒上葱花即可。

PS：蒸的时间不要太久，蛋液凝固后就可以关火，不要开盖，用余火继续焖四五分钟再出锅就行了。

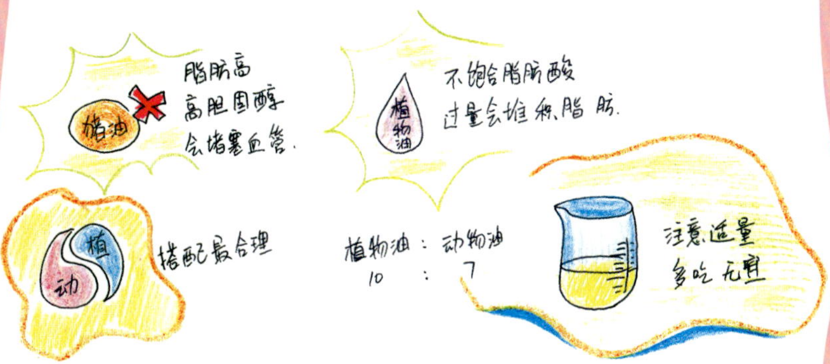

吃油也要荤素搭配

现在很多人拒绝吃猪油，理由大多是觉得猪油脂肪含量太高，油脂多，怕引起高胆固醇，堵塞血管等问题。

其实，哪怕是植物油，也含有不饱和脂肪酸，摄入过多一样会在体内堆积脂肪。

事实上，动植物油搭配着吃能更好地保持各种营养物质的相对平衡。植物油与动物油搭配比例为10:7时最合理。而且荤素搭配后可以互相补充两者的不足，更能促进身体健康。

另外，不管是吃植物油还是吃动物油，还是二者搭配，都要注意控制用量，多吃无益。

清蒸鲈鱼

主料：鲈鱼1条约500g，葱、姜、红椒各少许

调料：蒸鱼豉油，美极鲜酱油，生抽，白胡椒粉

步骤：1.鲈鱼清理干净，洗净沥干水，里外均匀地抹上薄薄一层料酒一层盐，加姜丝稍腌。2.盘底摆上葱丝和姜丝。3.鱼肚子里也塞上。4.鱼表面再摆一层，入开水锅蒸5分钟左右，倒掉盘子里的水淋上美极鲜、蒸鱼豉油、白胡椒粉和少许米酒调制的味汁，再蒸三四分钟。5.蒸好的鲈鱼表面摆上红椒丝和葱丝，浇上烧得冒烟的热油。

PS：美极鲜酱油和蒸鱼豉油只用少许调个味就行，不要放太多，否则会抢了鲈鱼本身的鲜香味。

蒸鲈鱼时加点米酒，鲈鱼会有股特别诱人的香气。

清蒸鲈鱼
厨事心记

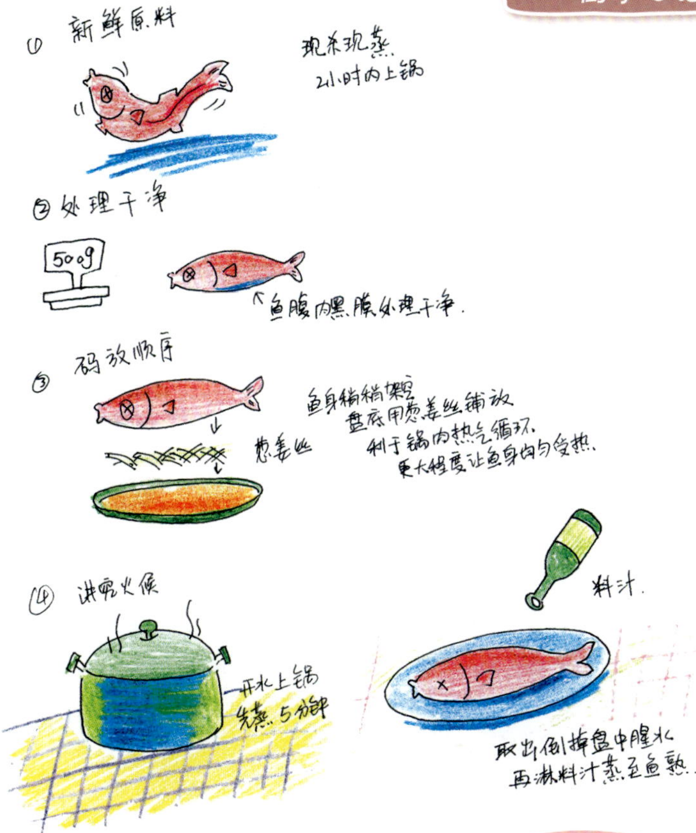

蒸鱼致鲜的关键

一，材料要新鲜。用来清蒸的鱼，现杀现蒸是最好。条件不允许的话，也要尽量把杀鱼到上锅之前的时间控制在2小时内。

二，处理要干净。清蒸的鱼不要太大，选1斤左右的最为合适。入锅前鱼腹里的黑膜彻底处理干净，才能确保蒸鱼不腥。

三，鱼身稍稍架空。在鱼盘底用姜丝和葱丝有间隔地铺在盘子上，再把鱼放上去。姜丝葱丝会为鱼搭起小小的“架空层”，这样有利于锅内热气循环，能更大程度地让鱼身受热均匀。

四，火候有讲究。蒸鱼一定要开水入锅，让鱼先蒸5分钟左右，取出倒掉盘子里蒸出来的腥水，再淋上料汁蒸至鱼熟。

蒜泥白茄

主料：白茄子2根，蒜头5瓣

调料：白糖，生抽，蒸鱼豉油，葱花

步骤：1.白茄子清洗干净去蒂，切长条拌上盐，入锅蒸10分钟左右。2.蒸好的茄条取出码盘摆好。3.蒜剁成蓉放在小碗里，锅内烧适量色拉油，冒烟后浇在蒜蓉上。4.调入少许白糖、生抽、蒸鱼豉油、葱花调成料汁。5.把料汁淋在码好的茄子上即可。

PS：蒸的时间不要太久，茄子蒸熟然而又有点有咬劲的时候是最好吃的。

如果不是切了就马上蒸的话，切好的茄子要放入淡盐水中浸泡以防变色。

茄条拌上盐再蒸，会更入味。

你也可以用普通的紫茄子做这道菜。

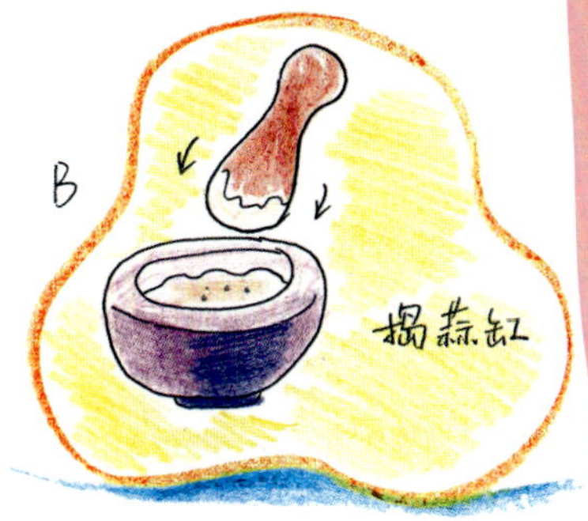

三种常见的处理蒜蓉的方式

最高科技：压蒜器。
快，准，狠，就是压出来的蒜蓉粗细没法调节。
最古朴：蒜臼，俗称捣蒜缸。
很原始的老法子，水分保存最好。
最原始：用刀拍扁，再剁碎。
家常，不需要特别的工具，一把菜刀打天下，就是要费点工。

蛤蜊蒸蛋

主料：鸡蛋2个，蛤蜊16只

调料：料酒，美极鲜酱油，葱花

步骤：1.蛤蜊浸泡吐沙后洗净，入加了少许料酒的开水锅里煮至开口后捞出备用。2.鸡蛋彻底打散，加入约为蛋液1.5倍用量的凉白开搅匀。3.准备好的蛋液过筛装进盘子里，用勺子刮净蛋液表面的气泡。4.把蛤蜊竖着摆进装有蛋液的盘子，盖上保鲜膜。5.入开水锅小火蒸12分钟左右关火，再虚蒸5分钟。取出撒上葱花，淋上美极鲜酱油即可。

PS：因为是连壳一起蒸，所以，蛤蜊壳也记得要刷洗干净再用。另外，蛤蜊要提前浸泡吐沙，具体方法，参加P15页“帮助蛤蜊快速吐沙的小方法”。

另外，蒸蛋碗的内壁，提前抹上薄薄一层食用油，蛋液就不会牢牢粘在碗上，蒸蛋碗会比较好洗。

蛤蜊蒸蛋 厨事心记

蒸蛋嫩滑的要点

一，一般而言，蛋液与水的比例约为1:1.5~1:2。另外，秋冬时节气温偏低，用温水效果更好。

二，蛋液过筛，装碗上锅前，用勺子轻轻地撇净蛋液里的气泡。

三，开水蒸蛋。等水开后再放处理好的蛋液上锅蒸。

香菇蒸滑鸡

主料： 鸡全腿1只，香菇8朵

调料： 姜末，盐，白糖，料酒，酱油，蚝油，胡椒粉

步骤： 1.鸡腿剁小块冲净血水后沥干，加姜末、盐、白糖、料酒、酱油、蚝油、胡椒粉腌制。2.香菇洗净切和鸡肉差不多大小的块。3.把腌好的鸡块和香菇混合，淋上食用油拌匀。4.大火入锅，蒸15分钟左右即可。

PS： 鸡腿腌制的时间越长，鸡肉会越入味。
建议提前处理好，放冰箱冷藏腌制，要吃的时候取出来直接拌上香菇上锅蒸。
就算是赶时间，也建议腌制的时间不要低于20分钟。

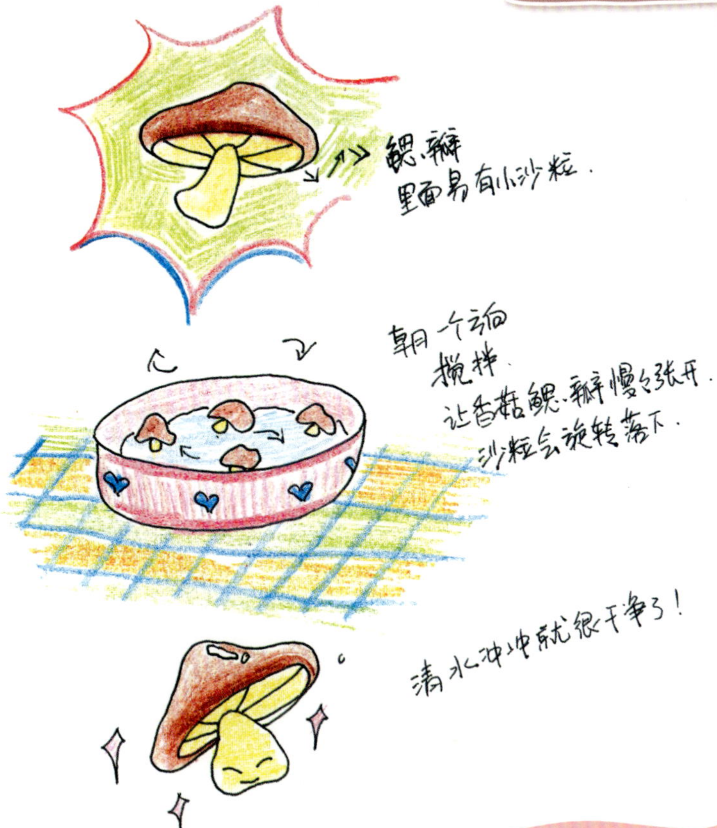

巧洗香菇

香菇的大伞底下长了像鱼鳃一样的鳃瓣，里面很容易藏下很多细小的沙粒，很难洗干净，用手掰的话还很容易把香菇弄伤弄破。

其实，有一个很简单的方法：把香菇用清水浸泡一会，然后用手在盆子里，连水连香菇一起朝一个方向搅动，让香菇的鳃瓣慢慢张开，然后里面的沙粒就会随着水的旋转而落下。

搅完后，静置一会，沙粒等杂质就会沉入盆底。

这个时候再把香菇捞出来用清水冲冲就很干净了。

南瓜夹培根

主料：南瓜160g，培根3片

调料：盐，葱花，熟白芝麻

步骤：1.培根改刀切成差不多大小的5段。南瓜去皮洗净切比培根略大的厚片，撒少许盐拌匀。2.按一片南瓜一片培根相间着摆盘。3.入锅蒸8分钟左右关火。4.撒上葱花和熟白芝麻即可。

PS：南瓜切片时要略厚，否则南瓜都蒸烂了培根还没熟。

培根本身就略咸，南瓜里放一点点盐就可以;或者你也可以不放，单纯的感受南瓜的清甜味。

吃的时候，南瓜和培根一起夹着吃，有种特殊的香味。

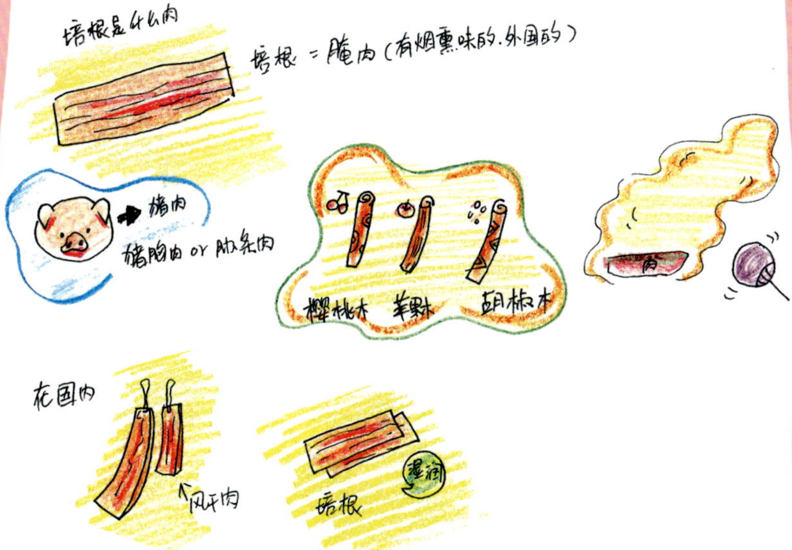

培根是块什么肉？

培根是什么呢？简单来说，它就是腌肉，是有点烟熏味的外国腌肉。取猪肉，通常是猪胸、猪肋条肉先腌，再用胡椒木，苹果木，樱桃木熏制而成的。

生产过程中都是大块处理，而我们常见的是切片后装袋密封销售的。另外，我们国内常见的腌肉会是风干的，而培根则略湿。

主料：鸡翅根6个，洋葱，大葱，蒜头，姜片

调料：生抽，老抽，蚝油，胡椒粉，白糖，盐，老干妈豆豉酱

步骤：1.鸡翅根洗净后用牙签扎小孔以方便入味。加入葱，姜，蒜，和切成细丝的洋葱。2.加生抽、老抽、蚝油、胡椒粉、白糖、盐和老干妈豆豉酱拌匀。3.腌制2小时或以上。4.腌好的鸡翅根连腌料一起入锅，中火蒸15分钟左右，用汤汁拌匀即可。

PS：鸡翅根腌制的时间越长会越入味，建议在前一晚拌匀调味料放进冰箱腌制。

蒸的时间，根据自家火力和鸡腿大小来决定。15分钟是参考值。

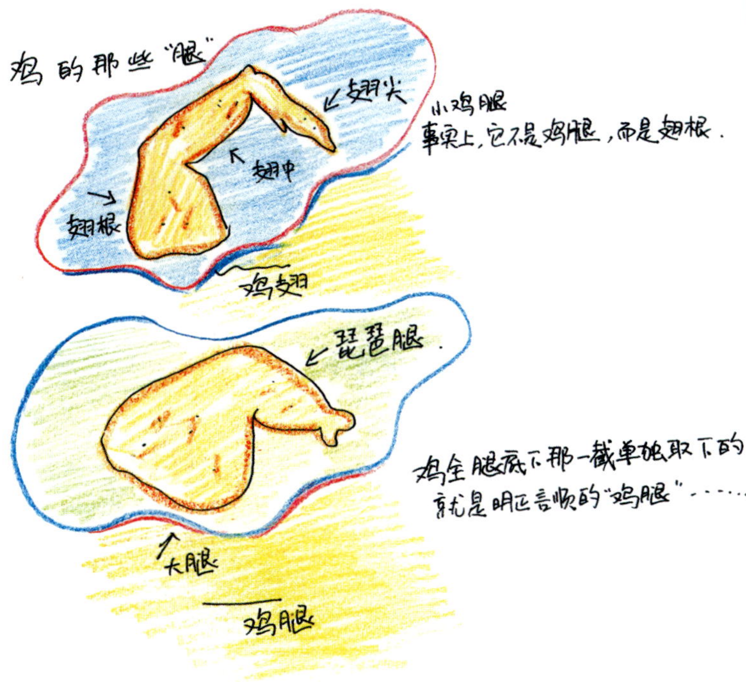

鸡的那些“腿”

这盘菜里用到的原料，大部分人都叫它小鸡腿或是鸡小腿。事实上，它不是腿，而是翅，鸡翅根，鸡翼以下的根部（所以，以后在某处点一对鸡翅的时候别纳闷，为什么会是一个翅一个腿）。

鸡全腿：鸡全腿底下那一截单独取下来，就是琵琶腿，也算是正儿八经、明正言顺的鸡腿。

珍珠元子

主料：猪肉馅300g，糯米90g，莲藕

调料：盐，生抽，料酒，胡椒粉，油，淀粉，蛋清，小葱，姜

步骤：1.糯米提前洗净泡涨，捞出沥干水分。2.猪肉馅里加盐、生抽、料酒、油、淀粉、蛋清、葱姜末和少许切成碎末的莲藕丁，拌匀，摔打上劲。3.把处理好的肉馅撮成圆圆的肉球。4.将做好的肉球均匀地裹上一层糯米。裹糯米的时候稍微用点力，让糯米粘得更紧点。5.蒸笼里刷一层薄油，放上做好的珍珠元子下锅蒸，水开后继续大火蒸10分钟左右即可。

PS：馅料里的藕丁是为了增加元子的清脆口感，可以用荸荠等其他清脆口感的蔬菜代替，也可以省略。

糯米一定要提前泡透，否则很难蒸好。如果早上做的话，提前一夜泡上；晚上做呢，早上出门前泡上。

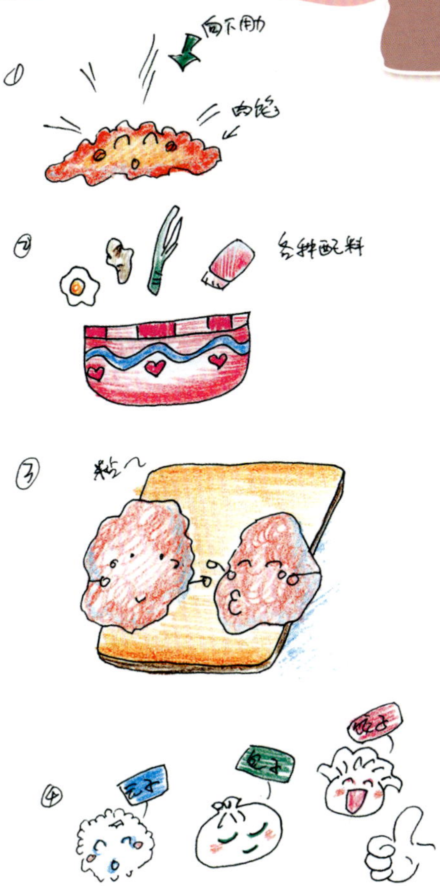

摔出来的肉馅更弹牙

把肉馅装进大盆里，加入各种调料，拌匀。

用手把肉馅捧起来，再用力向盆里摔打，然后再捧起，再摔打。

之后就会发现摔后的肉馅越来越有黏性，而且感觉肉馅有了“胶性”，这样摔出来的肉馅不仅是做珍珠元子，做包子、包饺子都会非常弹牙。

好吃不累—炖煮天下

用爱做好菜，用心烹佳肴。
厨房的炉灶上炖煮出来的，
不仅仅是美味的食物，
更多的则是从心底里滋生出的浓浓暖意！

主料：琵琶腿2只
调料：姜，盐，料酒，生抽，老抽，白糖，蜂蜜
步骤：1.鸡腿用剪刀剪开，剔除鸡骨头，骨肉分离。2.用刀尖在鸡肉的一面划上几刀，筋剪断，加姜片、盐、料酒稍腌。3.生抽、老抽、白糖、料酒、少许清水调匀做成照烧汁。4.平底锅烧热，将腌好的鸡腿肉皮朝下平铺在锅里，煎至出油且微黄后翻面，煎到两面金黄。5.倒入准备好的照烧汁，小火焖煮两分钟。6.在鸡腿皮的一面淋上蜂蜜，大火收汁即可。
PS：步骤2划口子是为了能方便入味。
筋划断后，鸡腿煎的时候就不会收缩得厉害。
鸡皮朝下会煎出油来，如果是不粘的平底锅，锅底不需要另外放油。

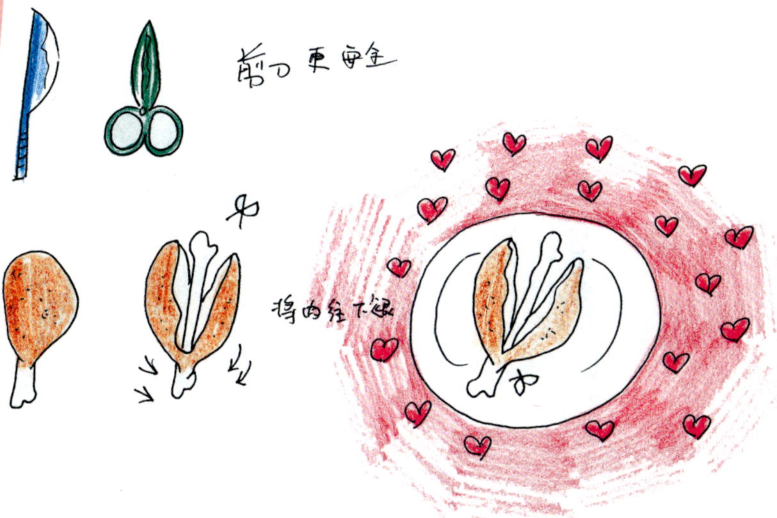

鸡腿去骨演示

用厨房剪刀竖着把鸡腿剪开，再围着鸡骨一圈，把连着肉的地方全部剪开。

把肉往下褪，剪刀剪开下面连着骨头的地方就行了。

用刀操作也行，但是相对而言，用剪刀更方便更安全。

主料：小鱼干200g

调料：姜，干红辣椒，醋，料酒，老抽，蚝油，葱，味精，白糖

步骤：1.小鱼干用加过醋的清水浸泡约20分钟后用清水冲洗，沥干水。2.葱、姜、干辣椒切碎备用。3.热锅下油，放入姜片、干红辣椒炒香。4.下小鱼干、葱白翻炒。加醋、料酒、老抽、蚝油给鱼上色。5.加入一碗水，烧开后，小火煮约3分钟后大火收汁。下味精、白糖调味后起锅，撒上小葱末。

PS：小鱼干本身咸味很重，所以一定要泡水啊。

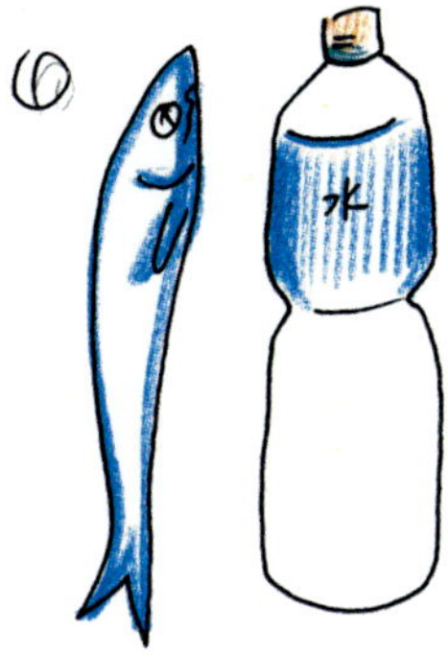

鱼干烹前先泡水

为了便于保存，鱼干在制作过程中都加了不少盐。食用这样的鱼干会增加身体负担。而且大量盐的摄入还可能会造成身体浮肿等不适。烹调小鱼干前，用加了醋的清水浸泡，一方面可以减少鱼干里的盐分；另外，也可以给其去腥。

香辣蟹

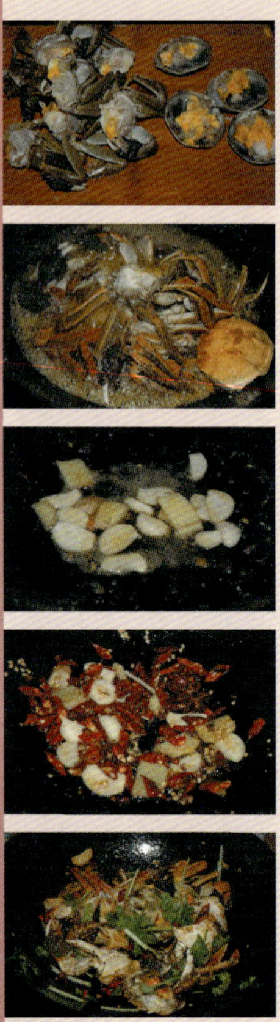

主料：螃蟹4只，干红辣椒15个，花椒1小把，香菜2根

调料：姜，蒜，豆瓣酱，盐，料酒，胡椒粉，八角，桂皮，白糖，味精，香油，淀粉

步骤：1.螃蟹洗净开盖，去掉蟹鳃，剁块，加盐、料酒、胡椒粉稍腌一会。2.热锅上油，油温六七成热时，把蟹块切口处蘸点干淀粉下锅炸红后起锅沥油。3.锅中留少许底油，下姜、蒜片爆锅。4.加入花椒、干红辣椒、八角、桂皮煸香，加豆瓣酱炒至出红油。5.倒入炸好的螃蟹，加盐、白糖、味精调味后，淋少许香油，撒上香菜碎起锅即可。

PS：螃蟹入锅前，在切口的地方蘸点干淀粉，蟹肉蟹油才不会轻易跑出来。

这道菜中花椒和红辣椒可以根据自己的口味多放，蟹是凉性，辣椒是热性，两者可以稍加中和。

八角1个，桂皮一小段就足够，量无需太多。

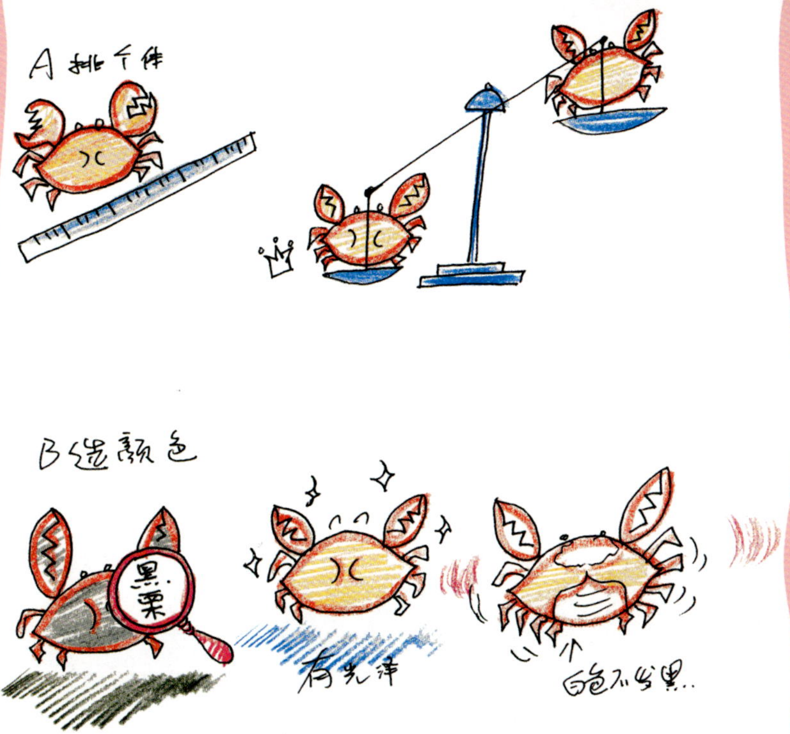

如何挑选螃蟹

挑个体：相同大小，较重的螃蟹更健壮。

选颜色：蟹壳的背部颜色呈黑栗色，有光泽度的肉较厚。蟹腹要是白色，不能发黑。

观肚脐：螃蟹肚脐向外凸出的，大多膏肥汁满 。凹进去的膘体不足。

捏软硬：用手捏一下蟹腿，蟹腿坚硬的较饱满。

看活力：把螃蟹翻转过来，腹部朝天，能快速翻转过来的活力强。

蒜蓉娃娃菜

材料：娃娃菜2棵，蒜瓣8粒

调料：高汤，盐，淀粉

步骤：1.将娃娃菜洗净沥干后，一剖为六。2.锅中放适量清水，水开后放入1勺盐，下娃娃菜焯熟后捞出控水。3.娃娃菜沥干水分后摆盘。4.蒜剁碎。热锅上油，油热后，下蒜末小火炸到金黄时捞出。5.将炸好的蒜末撒在娃娃菜上。6.锅中留少许底油，倒入一小碗高汤，加盐调味后加少许水淀粉勾芡淋在娃娃菜上即可。

PS：炸蒜蓉的时候，可以多放点油，把蒜末煸成金黄后捞出，余下的油就是蒜油，用来拌面、做菜都不错。

记得炸蒜末的时候一定要小火，蒜炸糊的话会有苦味。

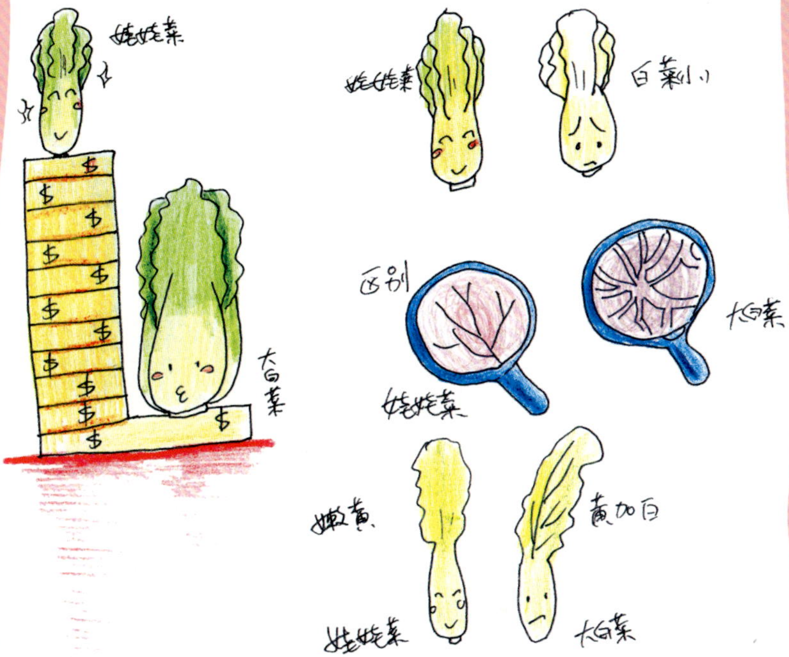

大白菜VS娃娃菜

娃娃菜价格是大白菜的十几倍，甚至是几十倍。于是有不法商贩，把“发育不良”的大白菜剥去表面的菜帮，用菜心来伪装身价较高的娃娃菜。

其实，从外形来看，娃娃菜的叶基较窄，叶脉较细；而大白菜的叶子叶基和叶脉都较为宽大。

另外，大白菜是包心生长的，它会较紧密，叶子皱缩程度严重，形状有些扭曲。而娃娃菜的叶片相对而言比较平整。颜色上，娃娃菜的叶子是可爱的嫩黄色，而白菜心因为接触阳光较少，颜色黄中带点白。

红烧武昌鱼

主料：武昌鱼1条，青椒1个，红椒1个，

调料：姜，盐，料酒，生抽，老抽，白糖，胡椒粉，淀粉，葱

步骤：1.武昌鱼清理干净，用刀在鱼身正反两面各划几刀，里外各抹一层盐和料酒腌制15分钟右右。2.青、红椒切丁，姜切丝备用。3.锅中放适量油，下鱼煎至一面金黄后翻到另一面，再煎至表面金黄。4.放姜丝爆香。5.放清水，调入盐、生抽、老抽、一丁点的白糖煮开。6.再煮二三分钟把鱼翻面，略煮后加入青、红椒丁，待青、红椒丁断生。7.大火收汁，把鱼起锅装盘，剩下的汤汁里再勾少许水淀粉，大火煮到浓稠淋在鱼身上，再撒上葱花即可。

PS：最后一步也可以不用水淀粉，直接大火把汤汁收干也行。看个人爱好，加了水淀粉，汤汁会更浓稠。

红烧武昌鱼
厨事心记

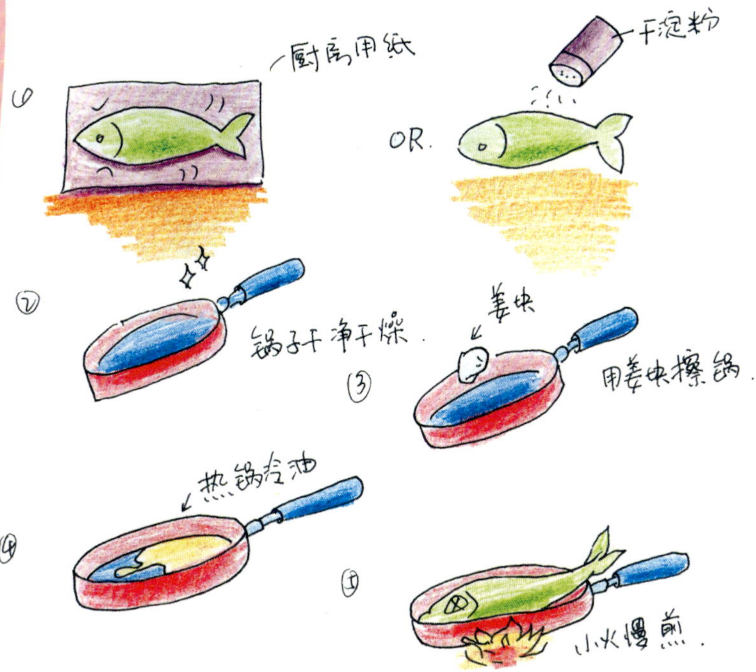

煎鱼不掉皮的“土”方法

1.不管是用厨房纸还是拍干淀粉，一定要把鱼表面处理得干干的。
2.锅要洗得够干净，然后擦得够干。
3.用姜块擦锅。
4.热锅冷油，待油加热后再放鱼。
5.全程小火慢煎。

当然，这些不过是民间流传的一系列煎鱼不掉皮的土方法，如果你有一口不粘锅，那么，以上都是浮云。

浓汁鹌鹑蛋

材料：鹌鹑蛋250g，剁椒50g

调料：姜，蒜，小葱，盐，醋，酱油，白糖，淀粉

步骤：1.用冷水将鹌鹑蛋煮熟，剥皮后待用。姜、蒜切末备用。2.锅中放油烧热，将剥好皮的鹌鹑蛋炸至表皮金黄色后，捞出沥油。3.锅中留少许油，再次烧热后，下入剁椒、姜、蒜末炒至出香味。加入一小碗水。4.大火烧开后，加入盐、醋、酱油、白糖调味，倒入炸好的鹌鹑蛋稍煮。5.用适量水淀粉勾芡，大火收汁，待汤汁浓稠后撒入葱花，起锅装盘。

PS：勾芡时，芡汁要比平日稍厚实才好，汤汁浓稠才好吃。
煮蛋的时候，蛋要冷水下锅，随着水温一起上升才不会破裂。

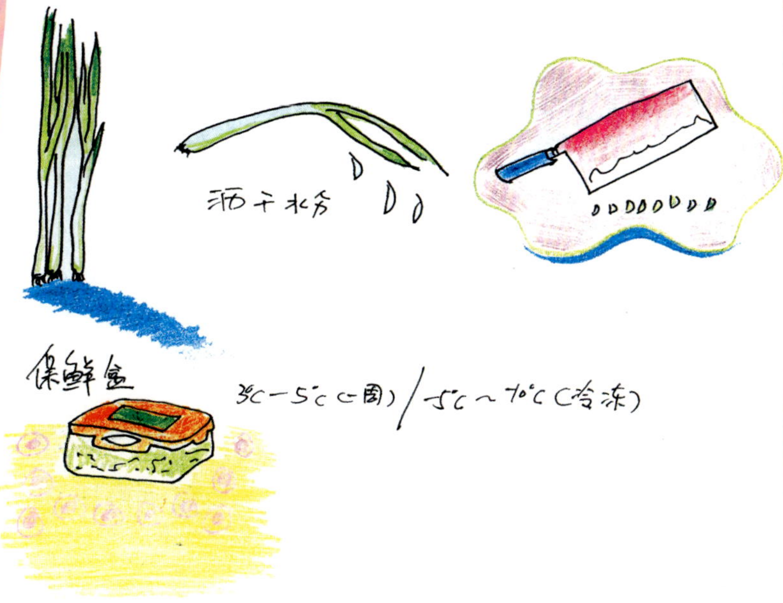

如何保存小葱

把小葱择洗干净，沥干水分，切成日常惯用的碎末，放进保鲜盒里盖上盖，密封起来。

放冰箱冷藏可保存大约一周。

也可以放进冰箱冷冻室冷冻起来，每次要用的时候把保鲜盒拿出来，室温稍稍回一下温，待表面一层变松，就可以抓取需要的用量，其他的再放回冷冻室。

川香水煮肉片

主料：猪里脊肉350g，黄豆芽200g，干红辣椒20根，花椒1小把

调料：盐，料酒，胡椒粉，酱油，淀粉，葱，姜，蒜，豆瓣酱，白糖

步骤：1.猪里脊肉洗净切薄片，加盐、料酒、胡椒粉、酱油、淀粉、少许清水拌匀稍腌。2.葱、姜、蒜切末，干红辣椒剪段。黄豆芽择去老根，清洗干净沥干水分备用。3.热锅上油，油热后转小火，下干辣椒段、花椒炸至微微焦香后捞出，稍凉后剁碎。4.余油再次烧热，倒入黄豆芽，加少许盐，炒至断生后捞出铺入大碗碗底。5.锅里再倒入少许底油，下葱、姜末爆锅，放入豆瓣酱炒至出红油。6.加1大碗水，加酱油，少许白糖，煮开后下腌好的肉片入锅煮散至变色。7.起锅倒在铺了黄豆芽的大碗里。撒上蒜末和步骤3里剁碎的辣椒、花椒。8.另取净锅，放油烧至冒烟后，浇到大碗里即可。

PS：肉片下锅后不要马上翻锅。待肉片稍稍变色后，再用筷子轻轻划散，这样腌制时的水淀粉才能紧紧包裹住肉片，保证肉质嫩滑。

炸辣椒、花椒时，小火炸到微微有些焦香才好吃。

最后烧油的步骤一定不要少，油烧到冒烟，浇上去，蒜的香味，辣椒、花椒的香味才逼得出来。

最是那一浇油的芳香

做水煮菜，最后浇油的步骤至为重要。

把油烧到冒烟，浇到碗里。浇上去，才能把蒜的香，辣椒、花椒的香味逼出来，有这样香味的水煮肉才是一份合格的水煮肉。

试想，在某个傍晚，冲进厨房，怀着爱心慢慢煮这么一锅水煮肉，上桌前，淋上烧得冒烟的热油，整锅的香味扑鼻而来，勾得人食欲大动。肉片被红红的汤汁和辣椒、花椒重重包裹，中间点缀着白的蒜，绿的葱，色泽诱人。尝一口肉片，鲜嫩，爽滑，还夹杂着麻辣。

用这又麻又辣的味道……嗯……想想就口水直流……

主料：小河虾350g
调料：姜，葱，椒盐粉
步骤：1.小河虾用清水养一会，再冲洗干净沥干水。葱、姜切末备用。2.锅中放油，油七八成热时，放入河虾。炸至变红后出锅。3.另取净锅，放少许底油，下姜末、葱末煸香。4.倒入炸好的河虾，撒上椒盐粉拌匀即可。
PS：要注意的是，炸虾的油，一定要够热，烧到七八成热再倒入沥过水的河虾。
虾炸至变色后就马上起锅即可。它在油锅里呆的时间不过十来秒钟就足够。

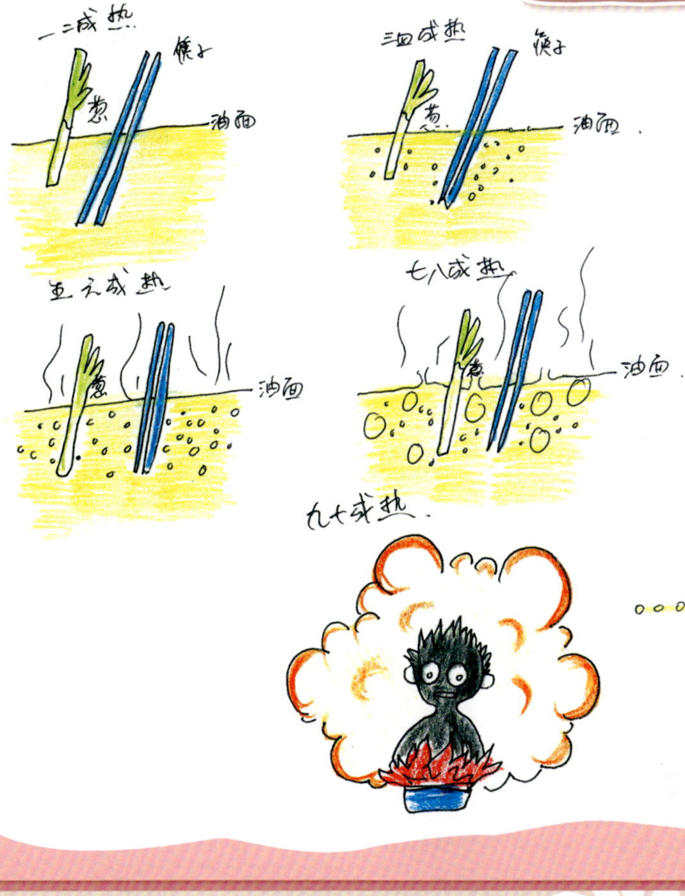

炒菜如何辨油温

一二成热：油表面平静，将葱或筷子伸进去，没有任何反应。
三四成热：油表面平静，将葱或筷子伸进去，周围会有少许细小的气泡。
五六成热：油面开始有似有似无的青烟，将葱或筷子伸进去，气泡变得密集。
七八成热：油上方油烟非常明显，将葱或筷子伸进去，出现大量气泡，并且有轻微的爆炸声响。
九十成热：不仅仅油烟密集，还可能是个小型火灾现场，锅起火……

干锅萝卜

主料：白萝卜1根，五花肉100g，青蒜5根，小米椒5个

调料：豆瓣酱，料酒，酱油，蚝油，豆豉，白糖，胡椒粉，鸡精，香油

步骤：1.五花肉洗净切片，白萝卜洗净去皮切成薄片。青蒜拍扁斜刀切成段，小米椒切段。2.热锅上油，油热后下五花肉片煸至出油，且略有些金黄。3.倒入豆瓣酱炒至出红油，加小米椒段煸炒。4.倒入萝卜片、蒜白，加少许料酒、酱油、蚝油、豆豉、白糖，加一小碗水略煮二三分钟。5.大火收汁，撒上青蒜段、鸡精、胡椒粉，淋少许香油出锅即可。

PS：五花肉可以选略肥一点的，用煸出来的油炒这道菜会很香。你也可以用腊肉来做，同样的方法又是另外一种风味。

豆瓣酱、酱油、蚝油、豆豉都是咸的，就不用另外放盐了。

用萝卜皮做“洗澡泡菜”

给萝卜去皮时，皮可以削得稍厚些，不要怕浪费，连皮带肉削成大约3到4个毫米的厚片。

然后，把厚厚的萝卜皮晾干表面的水分，切成小段。

取一个干净的无油无水的玻璃瓶。

在玻璃瓶中加入3/5的凉白水，加入盐、白醋、花椒、一点点高度白酒摇匀，把萝卜皮放进去整个泡在水里。

封紧瓶口，冷藏放置隔夜就成了传说中的“洗澡泡菜”。

除了萝卜皮，还可以用这同样的方法泡豆角、辣椒、芹菜、包菜、黄瓜、胡萝卜等等。泡菜水也可以一直用，后续如果水变少了的话，添些凉白开就行。要是觉得味道变淡，继续按个人口味再加盐、白醋、花椒。

麻辣鸡块

主料：鸡全腿1个，花椒，干红辣椒

调料：盐，生抽，老抽，姜，蒜，料酒，桂皮，八角，白糖，鸡精，胡椒粉

步骤：1.鸡全腿剁成小块，加盐、生抽、姜、料酒稍腌。2.姜、蒜切片，辣椒剪碎备用。3.热锅下油，下腌好的鸡块炒到鸡块出油且表面金黄，捞出备用。4.锅内余油再次烧热，下姜、蒜炒出香味。再放入辣椒、花椒、2颗八角和1小段桂皮炒香。5.倒入炒好的鸡腿丁翻匀。6.加一小碗水，调入生抽、老抽、白糖、胡椒粉，大火烧开后转小火煮15分钟左右。7.转大火收汁，撒少许鸡精提味拌匀出锅即可。

PS：步骤3的时候中火慢慢地把鸡皮里的油全炒出来，鸡块才会香。辣椒、花椒的用量按个人口味调整。

吃辣椒的四大功效

开胃消食：辣椒能促进消化液分泌，增进食欲。

肌肤美容：辣椒含有丰富的维他命C，而且也有较强的抗氧化能力，对保护和改善皮肤状况，延缓衰老都有好处。

暖胃，促进血液循环：《食物本草》里说，辣椒能温暖脾胃。现代医学认为，辣椒能促进血液循环，改善怕冷、冻伤等问题。

瘦身：辣椒里的辣椒碱能刺激体内生热系统，加快新阵代谢，燃烧脂肪，修身塑体。

韩式泡菜豆腐汤

主料：五花肉片150g，韩国泡菜200g，豆腐1块，洋葱半个

调料：韩式辣酱

步骤：1.热锅上少许底油，下五花肉炒至吐油且两面微黄。2.下入洋葱片煸香，加泡菜炒出香味。3.加水和韩式辣酱，大火烧开后转中火煮5分钟。4.加入豆腐块，煮约15分钟起锅即可。

PS：没有韩式辣酱不放也行，稍稍加一点泡菜水，让色泽更漂亮。

你也可以在里面再煮点年糕、粉条。

根据泡菜的咸淡来决定这碗汤要不要加盐，出锅前先尝尝。

韩式泡菜豆腐汤 厨事心记

什么是高汤？

高汤是烹饪中常用的一种辅助材料。
通常是用老母鸡、鸡骨架、猪骨等用冷水煮开，去浮沫，小火慢慢炖几个小时后，再过滤出来的鲜味汤品。
因为制作高汤所需的时间较长，建议一次多准备些。做好后可以用冰格或食品袋分装冷冻，随用随取。
在烹饪时，用高汤替代清水，菜品鲜味会更浓。

茄汁酸甜虾

主料：大虾350g

调料：料酒，葱，盐，姜，白胡椒粉，番茄酱，白糖，淀粉，熟白芝麻

步骤：1.鲜虾开背，挑去沙线，用料酒，葱，姜，盐，白胡椒粉稍腌。2.油锅烧7成热，把虾倒进去，炸至外壳酥脆，捞出控油。3.锅内留少许底油，倒入番茄酱稍炒。4.加入一小碗水，少许白糖、盐，煮至稍稍有些黏稠。5.倒入炸好的大虾，勾少许水淀粉炒匀，大火收汁到浓稠撒上熟白芝麻出锅即可

PS：酸酸甜甜的番茄酱，再加上鲜美的大虾，这道菜颇受小朋友欢迎。

番茄酱和番茄沙司

番茄酱是纯番茄生加工，只有工艺处理，没有加调味剂制作成的酱状浓缩制品。是一款酸甜味的调味料，要经过烹饪处理去掉生涩感后食用口感才好。适用于烹饪调味。比方说这道酸甜虾。

番茄沙司是番茄加糖，醋等调味后熬制的酱汁。质地细腻，口感酸甜，常用于醮食。比方说配薯条等。

芋头红烧肉

主料：五花肉400g，芋头350g

调料：姜，蒜，八角，桂皮，料酒，生抽，老抽，冰糖，小葱

步骤：1.五花肉洗净切块，入清水锅，加姜片、料酒、葱段，煮到出浮沫后捞出沥水。2.热锅上油，油热后，放入五花肉煎至表面微黄。3.加入姜、蒜、八角、桂皮炒香。加料酒、生抽、老抽炒至上色。4.加冰糖，倒入开水，加入处理好的芋头块。大火烧开后改小火焖煮30分钟。5.大火收汁，撒上葱花起锅即可。

PS：如果时间紧，步骤6时可以直接把肉和芋头一起倒进高压锅里压15分钟也行。

不过，还是没有慢火细焖出来的好吃。

事实上，很多家庭燃气都是双灶，焖煮的这30分钟，你也可以用来做点别的。

比方说，你可以这边烧肉，那边炒菜；等菜炒好了，回来这边肉也烧得差不多了，开大火收个汁就可以美美地开饭了。

芋头红烧肉厨事心记

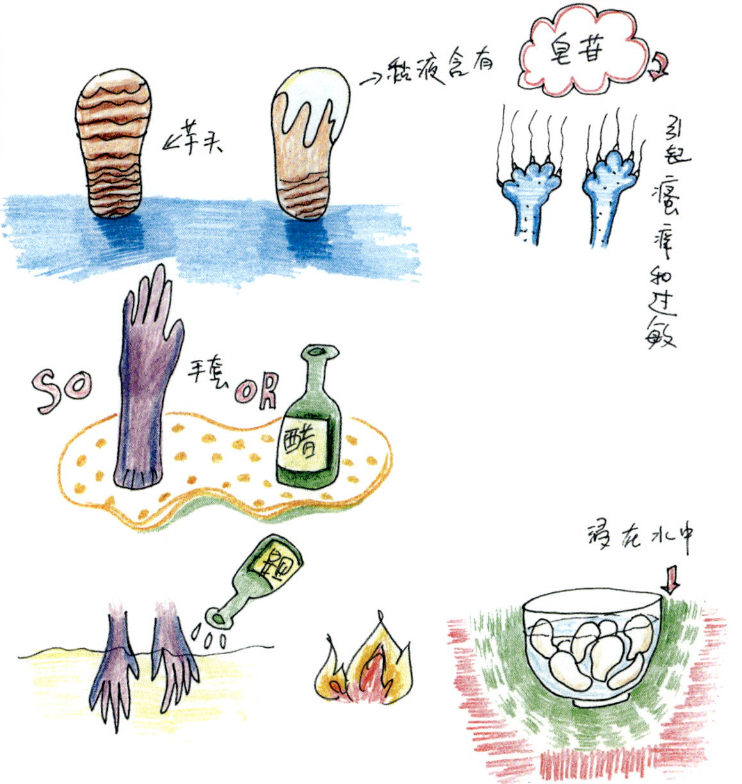

处理芋头的小小注意事项

芋头削开后那层浓浓的黏液里含有皂苷，沾到皮肤上容易引起瘙痒，也容易使皮肤过敏。所以，给芋头去皮的时候最好戴上手套，或者是在手上倒上点醋搓匀，等手干燥后再削皮，也能减少皮肤瘙痒的发生。

如果不小心已经接触到皮肤引起手部瘙痒，可以试着用醋水泡手，或者在火上烘烤片刻都可以止痒。双手用火烤的时候要特别小心，别烫到手。

另外，芋头削皮后，如果不是马上烹制，记得要浸泡于水中，才不会很快变色。

话梅排骨

主料：肋排450g，话梅8颗

辅料：冰糖，姜片，生抽，老抽，熟白芝麻

步骤：1.话梅用清水浸泡。2.热锅上油，油热后，下洗好的排骨煎到两面发黄。3.放入冰糖末炒上色，加入姜片。4.把泡水的话梅连水一起倒进锅里。5.大火烧开，加生抽、老抽转小火慢慢煮20分钟转大火收汁，撒上熟白芝麻即可。

PS：把冰糖碾碎即成冰糖末。直接用冰糖也行，就是比较难炒化一些。话梅选适合自己口味的，需要注意的是，如果话梅偏酸甜，冰糖就少放；如果话梅是偏咸味，就把老抽省掉。

巧洗巧护锅

通常刷锅的时候，放点洗涤灵会特别容易洗干净。但是，如果是铁锅，会发现这样洗过的锅子很容易生锈。

因为洗涤灵的高强洁净能力，把锅底的油分洗得一点不剩，锅失去了“油”这层天然保护层就很容易生锈。

你可以试试，用面粉水或是洗米水来洗铁锅。

趁着热锅，加入加了少许面粉的水或是洗米水，稍泡后用再用海绵或洗碗布轻轻一擦。这样锅子表面的油渍污渍就清理干净了。而较深处的油分还有所保留，还能保护锅底。

鱼子烧豆腐

主料：鱼子300g，豆腐200g

调料：料酒，生抽，老抽，蚝油，盐，鸡精，胡椒粉，淀粉，葱，高汤

步骤：1.鱼子洗净控干水，大块入锅小火煎至两面金黄。2.放入姜丝炒香，加料酒去腥。3.鱼子用锅铲分切成小块，放入切好的豆腐块。4.加略齐平于豆腐鱼子的高汤，加入生抽、老抽、盐和少许胡椒粉。5.大火烧开后转中小火煮15分钟左右。撒鸡精提味。6.加入水淀粉勾芡，大火把汤汁收到浓稠，撒上葱花起锅即可。

PS：鱼子比较容易散，煎的时候大块煎，煎好后再改小块，操作起来更方便。

鱼子加热的时候，小的颗粒受热后很容易飞溅出来。为了安全起见，煎的时候盖上透明锅盖，不时地晃晃锅子。看锅里一面煎好了，把火调到最小，稍等一下开盖翻锅，再煎另一面，以免烫伤。

没有高汤的用浓汤宝代替，浓汤宝也没有，就用鸡精兑水。

吃了鱼子会变笨？

民间有各种流传，说是小孩子不能吃鱼子，吃了会变笨，吃了会不识数，吃了手会发抖不会写毛笔字。

其实，鱼子是人类大脑和骨髓的良好补充剂和滋长剂。其中含有大量的蛋白质、钙、磷、铁、维生素等等。而且维生素A、B、D的含量也很丰富。维生素A能保护眼睛，维B可防治发育不良，维D可防治佝偻病。这些对小朋友的生长发育，增强体质，健脑等都极为重要。

但是，因为鱼子胆固醇含量较高，要注意食用量，过量不利于吸收。

番茄滑蛋

主料：番茄2个，鸡蛋2个

调料：盐，白糖，姜，葱，淀粉

步骤：1.番茄顶部划十字刀入开水锅里略煮后，撕掉番茄皮。2.去皮番茄切块，姜、葱切末，淀粉加少许清水调匀。3.热锅上油，油热后，下姜末爆锅，倒入番茄块炒至出汁。4.加入小半碗清水，煮开后再煮3分钟，加盐和白糖调味。5.鸡蛋打散成蛋液，均匀地倒入锅中。待蛋液稍稍凝固后，用筷子划散。6.淋上水淀粉，收汁，撒上葱花即可。

PS：步骤4中，加小半碗水的量就行了，水太多就变番茄蛋花汤了。蛋液入锅的时候，一定要待其稍凝固后再划散才能有块状的蛋花。

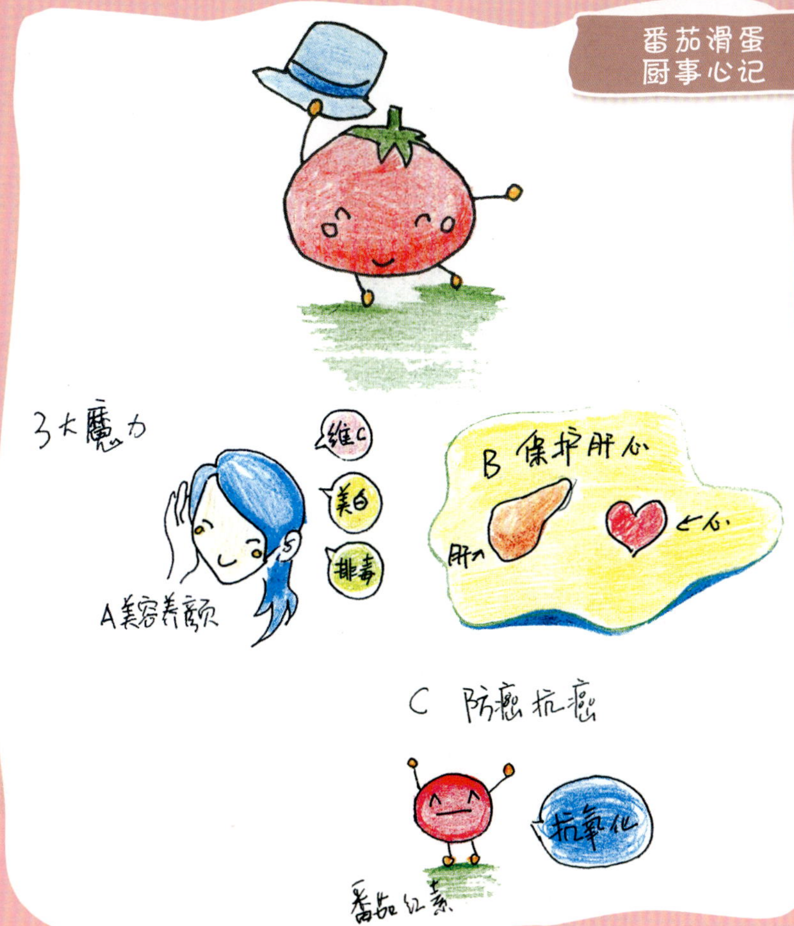

番茄的3大魔力

1.养颜美容

番茄里不仅含有丰富的维C，有淡化色素、美白肌肤的作用，而且还有大量纤维素，能促进肠道排毒。

2.保肝护心

番茄中的果糖、葡萄糖和维生素，对人体肝和心脏等都有很强的保健功效。

3.防癌抗癌

番茄中的番茄红素，有很强的抗氧化作用，它能延缓癌细胞扩散，缩小肿瘤体积。

主料：鳝鱼5条，黄瓜1根，红椒1个

调料：豆瓣酱，料酒，酱油，白糖，盐，胡椒粉，鸡精，葱，姜，大蒜，香菜

步骤：1.大蒜去皮，葱、姜切碎，黄瓜、红椒分别洗净切片备用。2.鳝片洗净切段，入炒锅略炒，锅底有一层浓浓的黏液时，把鳝片盛出，把锅洗净。3.热锅上油，葱、姜、蒜爆锅，下豆瓣酱炒香。4.倒入黄瓜和鳝片，加少许料酒翻炒。5.倒入红椒块，加盐、鸡精、胡椒粉、少许白糖调味，撒少许香菜碎起锅即可。

PS：步骤2时炒鳝片，不用放油，加热时轻轻翻动鳝片，鳝鱼的黏液就会粘在锅上，待黏液较多，鳝鱼全部变色后盛出备用。

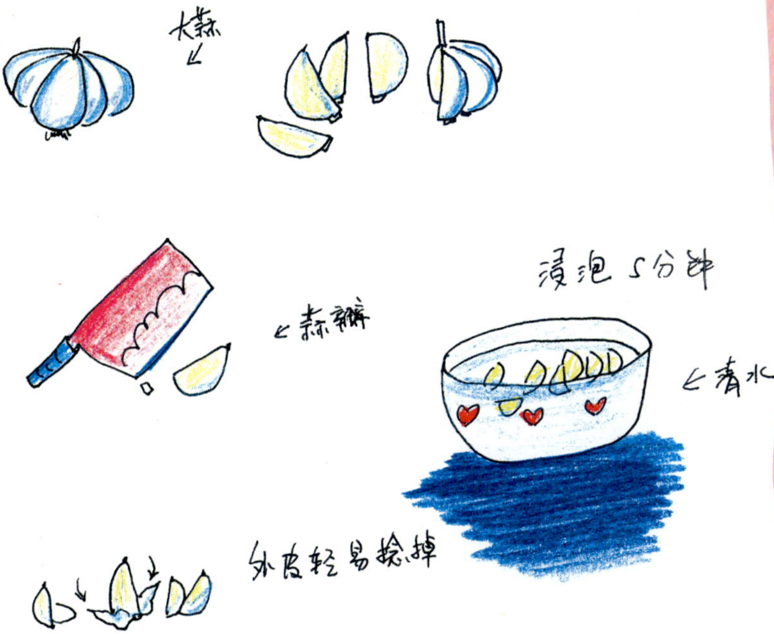

轻松剥蒜小妙招

把大蒜掰开，分成一个个的。
用刀切去底部的硬结
放进装了清水的容器里，浸泡5分钟
大蒜的外皮用手轻轻一捻就掉了。

茄子烧豆角

主料： 茄子1根，长豆角150g，红椒1个

调料： 蒜，盐，鸡精，白胡椒粉，淀粉，白糖

步骤： 1.红椒洗净去蒂切丝，蒜剁蓉。长豆角剥去老筋，洗净折成段。2.茄子去蒂洗净切长条，加少许干淀粉拌匀。3.热锅上油，油7成热时，把豆角放进去过油炸至表面微皱，起锅沥油备用。4.锅内余油再次烧到7成热，把蘸了干淀粉的茄条入锅炸至软糯捞出沥油。5.把锅里的油全部倒出，下蒜末煸出香味，倒入红椒丝稍炒。6.下炸好的豆角和茄条，加适量盐，少许白糖，翻匀，撒少许鸡精、白胡椒粉起锅即可。

PS： 茄子最好现用现切，否则就放到淡盐水里浸泡，待入锅前捞出沥干水。

另外，过完油后，煸蒜前，锅里不用留底油了，锅上沾的那些足够把蒜炒香了。

淡盐水防止茄子变色

茄子去皮或是切块后，如果没有马上烹饪，茄子的肉质就会被氧化，由原来的白色变成黑褐色，做出来的菜就会不漂亮。

茄子切好后马上放进淡盐水里浸泡，等要烹制的时候再捞起来沥干就不会有这样的问题。

板栗烧鸡

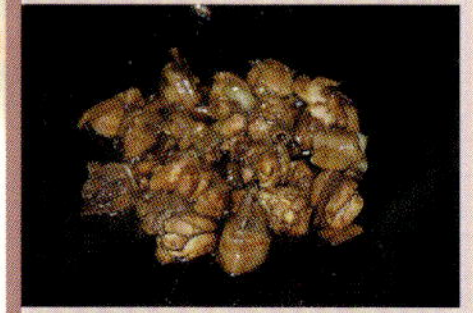

主料：鸡全腿1只，板栗350g

调料：葱，姜，料酒，酱油，盐，白糖

步骤：1.锅中放油，油的量可以稍多点，放入板栗炸到表面变色后捞出备用。2.余油再次烧热，放入葱、姜片爆香，倒入鸡块翻炒。3.鸡块表面微黄后调入料酒、酱油、盐、少许白糖。4.加入板栗。倒入开水，大火烧开后转小火，盖上盖煮20分钟。5.再转大火收干水分，撒入葱段即可。

PS:板栗用油炸过，不仅容易烧透，而且也会更入味。

鸡肉的香味会进透到板栗里面去，口味更好。

板栗巧去壳

把板栗直接放进加了盐的沸水里，盖上盖焖5分钟取出，用刀切个口子。

趁热去掉壳和皮，

剥出来的栗子完整，而且颜色也漂亮。

豆瓣茄子

主料：茄子2根，小米椒2个

调料：盐，白糖，蒜末，豆瓣酱，鸡精

步骤：1.茄子去蒂洗净，改刀切成瘦长型滚刀块。2.锅里不放油，直接将茄块放进锅中，用中火翻炒，直到茄子变软后盛出备用。3.取净锅，上油，油热后，下蒜末爆锅，倒入豆瓣酱炒香，炒至出红油。4.把炒好的茄条回锅，放入盐、白糖调味，略炒后撒少许鸡精提味即可。

PS：净锅煸炒茄子的时候要勤翻锅，让茄子受热均匀，尽量把茄子的水分全部煸干，这一步煸得越软，最后成品越好吃。茄子盛出来后，要把锅洗干净再用，否则炒出的菜会黑乎乎的。

放油的时候，按平时炒菜的量就行了。这道茄子菜很省油。

茄子变软有四招

烧茄子好不好吃，很关键的一点就是茄子够不够绵软。茄子洗净切块后，让茄子变软有四招：

招数一：微波炉，高火转上三四分钟（快，就是家里得有微波炉）。

招数二：锅上坐火，不放油，中火干炒（家常，只是煎完后得刷锅才能进行接下来的步骤）。

招数三：入锅炸。入热锅过油后起锅沥油（好吃，但是费油，而且摄入的油量也偏多）。

招数四：用盐腌。把切好的茄子撒上盐，腌十多分钟，再用手挤干水分（很低碳，不过，挤过水后的茄子软得有些绵烂，看相不佳）。

酸菜鱼

主料：草鱼1条，酸菜200g

调料：盐，料酒，淀粉，蛋清，姜，蒜，泡野山椒，小米椒，白糖，胡椒粉，鸡精，香菜

步骤：1.鱼头鱼骨和鱼片洗净分开装碗，分别加入盐、料酒、淀粉和少许蛋清抓匀腌制10分钟左右。2.酸菜洗净用手挤干水分，切成块备用。姜蒜、泡野山椒、小米椒剁碎备用。3.热锅上油，油热后，下切好的姜蒜末、泡野山椒末、小米椒丁炒香。4.倒入酸菜翻炒后倒入足量开水大火烧开。水量要能没过全部鱼骨鱼片还稍多。5.将鱼头鱼骨放入再次煮开后，转中小火，加盐、白糖、胡椒粉调味，加2勺泡椒水再煮15分钟左右。6.将腌好的鱼片放入汤中，稍凝固后用筷子划散，等鱼片煮至变色，加鸡精提味后盛出，浇少许热油，撒上香菜即可。

PS：杀鱼，片鱼片，一般鱼摊摊主都可以帮忙处理。自己片鱼片的话，记得鱼皮朝下，由鱼头向鱼尾的方向斜向下刀。千万不要弄反了，否则鱼片里全部都是小刺，就没法吃了。把腌好的鱼片下锅时，如果一片片下的话，出来的鱼片会更平整好看些，但是手脚一定要快，不然前面的都煮好了后面的还没下锅哩。如果没把握，就用懒办法，一次性倒进去，稍停顿几秒后再用筷子轻轻划散。